湖南省县市区监测站专业技术人才现场监测培训统一教材

U0298302

污染源自动监测技术教程

主　编	黄钟霆	陈跃辉	黄东勤
副主编	彭　锐	李建钊	蒋艳萍
	谢　华	吴　丁	刘小桃
	陈　媛	刘　林	郭　婧

湘潭大学出版社
XIANGTAN UNIVERSITY PRESS

图书在版编目（CIP）数据

污染源自动监测技术教程 / 黄钟霆，陈跃辉，黄东
勤主编． -- 湘潭：湘潭大学出版社，2022.7
  ISBN 978-7-5687-0851-7

  Ⅰ．①污… Ⅱ．①黄… ②陈… ③黄… Ⅲ．①污染源
－自动监测－教材 Ⅳ．① X830.7

  中国版本图书馆 CIP 数据核字（2022）第 163402 号

污染源自动监测技术教程
WURANYUAN ZIDONG JIANCE JISHU JIAOCHENG
黄钟霆 陈跃辉 黄东勤 主编

责任编辑：丁立松
封面设计：中　航
出版发行：湘潭大学出版社
社　　址：湖南省湘潭大学工程训练大楼
电　　话：0731-58298960 0731-58298966（传真）
邮　　编：411105
网　　址：http://press.xtu.edu.cn/
印　　刷：长沙创峰印务有限公司
经　　销：湖南省新华书店
开　　本：787 mm×1092 mm 1/16
印　　张：10.25
字　　数：249 千字
版　　次：2022 年 7 月第 1 版
印　　次：2022 年 7 月第 1 次印刷
书　　号：ISBN 978-7-5687-0851-7
定　　价：39.00 元

前　言

　　为深入贯彻习近平生态文明思想，认真落实湖南省委办公厅、省政府办公厅《关于深化生态环境监测改革推进生态环境监测现代化的实施意见》，结合湖南省县市区监测站能力现状，湖南省生态环境厅决定以现场监测能力为抓手，着力提升县级监测能力，为"2025年前县市区监测机构具备有效开展行政区域内执法监测和应急监测的能力"奠定坚实基础。

　　为切实帮扶基层，做好送政策、送技术、送服务工作，着力提升全省县市区开展执法监测的一线人员准确判定污染源自动监测运行的能力，湖南省生态环境厅生态环境监测处、湖南省生态环境监测中心组织编写了湖南省县市区监测站专业技术人才现场监测系列培训教材。

　　本书立足污染源自动监测工作的实际，从污染源自动监测系统的基础原理入手，结合实际工作详细阐述比对监测、检查要点、法律法规等内容，并对生态环境部及湖南省生态环境厅近期公布的自动监测典型违法案例深入解析，旨在提供简洁明了、切实可用的培训教材。

　　本书在编写过程中得到了各级生态环境部门及相关院校的支持和帮助，在此谨表谢意！由于编写时间仓促，编者水平有限，书中疏漏之处在所难免，敬请广大读者批评指正。

编　者

2022 年 6 月

目　录

第 1 章　污染源自动监测系统概述

本章介绍了污染源自动监测系统的概念，分废水、废气自动监测系统，对其基础原理进行了说明。

1.1　污染源自动监测系统概述

污染源在线监测系统是利用自动监控仪器技术、计算机技术和网络通信技术，对排污单位的废水、烟尘/气排放口的排放量和主要排污因子的浓度等指标实现连续自动监测，自动采集监测数据，自动远程传输至各级管理部门并自动分析处理的系统。

污染源在线监测系统是环境执法、科学管理的重要手段。污染源在线监测系统的建设和管理依托环境监测、自动控制、计算机、化学分析、电子、通信等多个领域的技术，是一项复杂的系统工程，由对污染源主要污染物排放实施自动监测的自动监测仪器设备、监测数据采集、传输仪器设备和监控中心组成。

1.2　污染源自动监测系统原理

1.2.1　废水自动监测系统原理

1.2.1.1　废水自动监测系统的组成

废水在线监测系统由流量监测单元、水质自动采样单元、水污染源在线监测仪器、数据控制单元，以及相应的建筑设施等部分组成。

流量监测单元指废水在线监测系统中用于实现实时排水量监测，能够对排水量进行分、时、日、月和年进行总量统计的仪表。

水质自动采样单元指废水在线监测系统中用于实现采集实时水样及混合水样、超标留样、平行监测留样、比对监测留样的单元，供水污染源在线监测仪器分析测试。

水污染源在线监测仪器指废水在线监测系统中用于在线连续监测污染物浓度和排放量的仪器、仪表。

数据控制单元指实现控制整个废水在线监测系统内部仪器设备联动，自动完成水质在线监测仪器的数据采集、整理、输出及上传至监控中心平台，接受监控中心平台命令控制水质在线监测仪器运行等功能的单元。

1.2.1.2 废水自动监测系统的测量原理

在自动监测系统中，在线监测仪器是监测系统中的核心部分，对监测结果影响最大。同类型的在线监测仪器，采用的分析方法不同，其测量准确性、灵敏度、可靠性和价格均不相同，目前从分析原理上分，常用的分析方法主要有光学法、电化学法（电极法）、燃烧法、流动注射法等，各种方法特点如下：

（1）光学法原理

光学分析法可以分为光谱法和非光谱法两大类。光谱法是以物质发射或吸收电磁辐射以及物质与电磁辐射相互作用（发光、吸收、散射、光电子发射等）来对待测样品进行分析的方法。非光谱分析法是基于物质引起辐射的方向或物理性质的改变，检测被测物质的某种物理学性质，进行定性、定量分析的方法。非光谱分析法不考虑物质内部能量的变化，包括了折射法、散射光法，以及反射光法等。

传统的在线水质分析仪器中，采用分子吸收光谱法的仪器非常多。水质在线分析的吸收光谱法仪器，其理论基础是朗伯－比尔定律。在水质分析的测量应用中，公式中的吸收层厚度 L，是指水质分析测量池的溶液吸收的光程长。

采用发光光谱法的在线水质分析仪器，最具代表性的产品有：基于荧光法原理的荧光化学法溶解氧分析仪、荧光法水中叶绿素分析仪、紫外荧光法水中油（多环芳烃）分析仪等。

（2）电化学法原理

电分析化学（electroanalytical chemistry）法，简称电化学法，是建立于物质在溶液中电化学性质基础上的一类分析方法，是仪器分析方法中的一个重要分支，也是在线水质分析仪最常用的分析技术。

电化学法在线水质分析仪，既有较为简单的传感器形式的各种 pH/ORP 分析仪、电导率分析仪（也包括采用电导法原理测量的酸碱盐浓度计，如电导法硫酸浓度计）、极谱法的溶解氧分析仪、余氯分析仪，以及离子选择电极法的氨氮、氯离子、硝酸盐氮、氟离子、亚硝酸盐氮分析仪等；也有结构较复杂的自动分析设备，如基于伏安法的各种重金属分析仪，采用电位滴定法的COD分析仪，高锰酸盐指数分析仪，电导分析法的纯水TOC分析仪等。

电分析化学测量系统是一个由电解质溶液和电极构成的化学电池，通过测量电池的电流、电导等物理量，实现对待测物质的分析。根据测定参数不同，水质在线分析常用电分析化学法主要分为：电位分析法、伏安分析法、极谱分析法、电导分析法及库仑分析法等。

在电化学法原理的在线水质分析仪器中，采用电位分析法的在线水质分析仪器是应用范围最为广泛的一类仪器。其中最为普遍的是在线 pH 分析仪和基于离子选择电极法的多种在线离子分析仪，例如，分析氟离子、钠离子、氨氮、硝酸盐氮、亚硝酸盐氮、氰化物、氯离子，以及各种金属离子等的分析仪。

伏安法和极谱法也是非常重要的在线水质分析仪器的分析方法。其原理是基于电解，与待测物质的量和电解过程中的电流强度或者电位差变化有直接的数学关系，通过测定电解过程中得到的电流 – 电压（或电位 – 时间）曲线就能确定溶液中待测物质的浓度。不同于其他分析法，这种方法不需要建立待测物质标准物浓度的相关性曲线，属于直接测量法。

和电位分析法不同，伏安法和极谱法使用的是一个极化电极和一个去极化电极。伏安法与极谱法的区别在于极化电极的不同。采用表面静止的液体或固体电极的方法称为伏安法；采用滴汞电极或其表面能够周期性更新或更换液体电极的方法称为极谱法。

（3）燃烧法原理

主要是利用燃烧氧化 – 非分散红外吸收法原理进行水体中总有机碳（TOC）含量的检测，以碳含量表示水体中有机物质总量的综合指标。TOC 的测定一般采用燃烧法，此法能将水样中有机物全部氧化，可以很直接地用来表示有机物的总量。因而它被作为评价水体中有机物污染程度的一项重要参考指标。燃烧氧化 – 非分散红外吸收法，按测定值 TOC 的不同原理又可分为差减法和直接法两种。

差减法测定 TOC 值的方法：水样分别被注入高温燃烧管（900 ℃）和低温反应管（150 ℃）中。经高温燃烧管的水样受高温催化氧化，使有机化合物和无机碳酸盐均转化成为二氧化碳。经反应管的水样受酸化而使无机碳酸盐分解成为二氧化碳，其所生成的二氧化碳依次导入非分散红外检测器，从而分别测得水中的总碳（TC）和无机碳（IC）。总碳与无机碳之差值，即为总有机碳（TOC）。

直接法测定 TOC 值的方法：将水样酸化后曝气，使各种碳酸盐分解生成二氧化碳而驱除后，再注入高温燃烧管中，可直接测定总有机碳。但由于在曝气过程中会造成水样中挥发性有机物的损失而产生测定误差，因此，其测定结果只是不可吹出的有机碳值。这种方法测量速度较快、试剂用量少、稳定性好，基本无废液产生。但对高温部件和进样部件要求很高，且需要使用纯净载气，较易出现故障。

（4）流动注射法原理

流动注射分析（flow injection analysis, FIA），是一种"非平衡态"化学分析技术，是由丹麦化学家鲁齐卡（J.Ruzicka）和汉森（E.H.Hansen）于 1974 年提出的一种连续流动分析技术。这种技术是把一定体积的试样溶液注入到一个连续流动的、无空气间隔的试剂溶液（或水）载流中，被注入的试样溶液在反应管中形成一个反应单元，并与载流中的试剂混合、反应后，再进入到流通检测器进行测定分析及记录。整个分析过程中试样溶液都在严格控制的条件下在试剂载流中分散，因此，只要待测水样和试剂的注入方法、在管道中存留时间、温度和分散过程等条件相同，不要求反应达到平衡状态就能够通过与同样条件下标准溶液所绘制的工作曲线比对测出试样溶液中被测物质的浓度。

流动注射分析不需要化学反应达到平衡状态就能完成测试的特点，大大提高了分析速度和效率，满足了在线分析仪器对实时快速分析的要求。同时，由于采用微型管路，流动注射分析每次所需的试样、试剂用量，有时可以低至数十微升，既能节省试剂，降低成本，又减少了分析废液的产生，符合绿色分析的发展趋势。流动注射分析技术的出现及大量应用，为提高"结构比较复杂的自动化分析设备或者装置"这类在线水质分析仪器的分析速度，实现仪器快速自动完成水样采集、处理、试剂混合和最终检测，提供了可靠的技术支撑。

1.2.2 废气自动监测系统原理

1.2.2.1 废气自动监测系统的组成

CEMS 是英文 Continuous Emission Monitoring System 的缩写，即烟气排放连续监测系统。该系统对固定污染源颗粒物浓度和气态污染物浓度以及污染物排放总量进行连续自动监测，并将监测数据和信息传送到环境主管部门监控平台，以确保排污企业污染物浓度达标。同时，各种相关的环保设备如脱硫、脱硝等装置，也可依靠 CEMS 的数据进行监控和管理，以提高环保设施的效率。

一套完整的 CEMS 系统主要包括：颗粒物监测子系统、气态污染物监测子系统、烟气排放参数监测子系统和数据处理子系统四个部分。

颗粒物监测子系统主要对烟气排放中的烟尘浓度进行测量。

气态污染物监测子系统主要对烟气排放中 NO_x、SO_2、CO、CO_2 等气态方式存在的污染物进行监测。

烟气排放参数监测子系统主要对排放烟气的温度、压力、湿度、流速、含氧量等参数进行监测，用以将污染物的浓度转换成标准干烟气状态和排放标准中规定的过剩空气系数下的浓度。

数据处理子系统主要完成测量数据的采集、存储、统计，并按相关标准要求的格式将数据传输到环保信息中心监控平台。

1.2.2.2 废气自动监测系统的测量原理

目前已安装的 CEMS 包含了各种原理和测量方式，例如，气态污染物 CEMS 采样方式涉及完全抽取系统、稀释抽取系统和直接测量法，测量原理涉及红外光谱法、紫外光谱法、化学发光法、电化学法。颗粒物 CEMS 涉及不透明度（浊度）法、散射法、闪烁法等。流速测量原理主要有皮托管、超声波、热传感器等，烟气温度一般是用铂电阻或热电偶温度计测量。烟气含氧量是一项十分重要的参数，主要测量方法为氧化锆法、顺磁技术（磁风、磁力矩和磁压）及电化学法。

（1）气态污染物测量原理

气态污染物 CEMS 采样方式主要有完全抽取系统、稀释抽取系统和直接测量法，完全抽取系统采用专用的加热采样探头将烟气从烟道中抽取出来，并经过伴热传输后进行测量。常见的测量方法又分为冷干法和热湿法，主要区别在于是否有对烟气进行冷凝除水的过程。冷干法的样气在进入分析仪前会进行除尘、除湿等处理后进入分析仪进行分析检测，测出来的烟气浓度为干基值。热湿法则全程保持温度在露点以上测量，测出的烟气浓度为湿基值。由于我国排放标准以干基浓度为计量标准，所以目前安装的 CEMS 以冷干法居多。

废气在线监测系统分析仪采用的主要分析原理如下：

①在线红外光谱气体分析仪

朗伯－比尔（Lambert-Beer）定律是物质对光吸收的基本定律，它指出了吸收光强与吸光物质的浓度和厚度的关系，是吸收光谱分析的理论基础。在气体的红外吸收光谱中，极性气体化合物分子在中红外（2.5~25 μm）波段存在分子振动能级的基频吸收谱线。在线红外光谱气体分析仪（也称为红外气体分析仪）的基本原理就是基于这种被测气体对中红外线的特征吸收光谱。

②非分散红外（NDIR）气体分析仪

NDIR 气体分析仪是将红外辐射光源的连续红外线辐射到装有被测量气体的气室中，待测气体对其特征光谱的入射光有选择性地吸收，采用相应的检测器接收气体吸收后的出射光的信号，从而实现对待测气体组分的定性或定量分析。NDIR 也采用滤光片或滤波气室方法，选取被测组分固定的特征光谱进行红外光谱测量。NDIR 不同于采用色散型分光测量：色散法可选取不同被测组分特征光谱，而滤光片或滤波气室只能选取固定被测组分特征光谱。通常也将此类仪器归属于不分光红外分析仪。NDIR 用于气体分析，具有很多优点：被测气体组分多、测量范围宽、灵敏度高、测量精度高、反应快，对被测组分有良好的选择性、可靠性和稳定性，并可实现多种气体同时在线连续测量分析等。

③傅里叶变换红外气体分析仪

傅里叶变换红外光谱（FTIR）应用于在线气体分析，是由于高性能、抗震动干涉仪的发明和气体光谱分析软件技术的发展，特别是角镜型的迈克尔逊干涉仪的研制成功，使得在线分析的现场环境具备了适应 FTIR 的条件。FTIR 从离线走向在线气体分析，是现代在线分析仪器的重要技术进展。FTIR 在线气体分析仪是由红外光源、干涉仪、气体测量池、红外检测器、光学平台系统、检测控制器以及光谱测量软件等组成的精密光学在线分析仪器。FTIR 在线气体分析是通过干涉仪产生干涉光，对气体测量池的被测组分进行扫描检测，通过傅里叶变换技术对分析谱图进行解谱，从而达到对多组分气体的广谱分析目的。FTIR 分析技术具有信噪比高、精度高、分辨能力强、动态检测范围宽等优点，已经广泛用于工业过程的在线气体分析及环境监测的污染源气体排放监测。

（4）紫外差分吸收光谱气体分析仪

紫外差分光学吸收光谱（differential optical absorption spectroscopy，DOAS）技术，是利用气体分子在紫外－可见光范围内具有特征差分吸收结构的特点来鉴别气体种类，并根据吸收光谱强度反演待测气体浓度。DOAS 技术是基于被测痕量污染气体分子在不同波段的特征吸收结构，来实现对污染气体的定量检测。

DOAS 光谱测量基本原理是建立在朗伯 – 比尔定律基础上的。一些气体分子在紫外 – 可见波段内有吸收特性，属于频率较高的吸收，俗称窄带吸收；而大气或烟气中的颗粒物引起的瑞利散射和米氏散射为宽带吸收。DOAS 技术正是将吸收光谱中窄带部分和宽带部分分离以消除大气中大分子散射的影响。

⑤非分散紫外气体分析仪

非分散紫外（non-dispersive ultraviolet，NDUV）又称非分光紫外，指用一个宽波段的紫外光源，根据待测气体的吸收特性，用窄带的滤光片进行波长选择。随着被测气体的浓度不同，吸收特定紫外线的能量就不同，从而可以通过测定能量的变化来对气体进行定量分析。非分散紫外气体分析仪具有检出限低、灵敏度高、抗干扰能力强等特点。

（2）颗粒物测量原理

颗粒物 CEMS 主要原理有：浊度仪和光散射检测仪。

浊度仪的原理是光通过含有颗粒物和混合气体的烟气时颗粒物吸收和散射测量光从而减少光的强度，通过测量光的透过率来计算颗粒物的浓度。

浊度仪可以设计为单光程或双光程。双光程仪器在烟道对面安装一反射器将测量光返回，测量光通过烟气两次。

烟气中气体组分的干扰通常可忽略不计，但水滴除外，仪器通常不适合在湿法净化后测量，除非再加热烟气到高于水的露点温度，颗粒物组成和粒径的变化影响这类分析仪的校准，工厂运行发生大的变化和改变了燃料后必须重新校准系统。

光散射检测仪的原理是当光射向颗粒物时，颗粒物能够吸收和散射光，使光偏离它的入射路径。散射光的强度与观测角、颗粒物的粒径、颗粒物的折射率和形状，以及入射光的波长有关。光散射分析仪是在预设定偏离入射光的一定角度测量散射光的强度。所有方向散射光的强度与颗粒物的粒径分布和形状有关，同样，水滴对仪器测量也有影响，也需要用手工比对的方法对仪器进行校准。

光散射检测仪的原理还分为激光后散射法和完全抽取式加热激光前散射法。激光后散射法为传统测量方法，存在测量量程大、精度低的不足，同时受水汽干扰严重。完全抽取式加热激光前散射法通过将样气抽入到特定容器内，经过加热处理后，激光器发出的高稳定性激光经过准直后射入测量室，激光束与颗粒物相遇后产生前向散射光，散射光由透镜接收后，通过信号光纤导入光电检测器，经过超高灵敏度光电信号转换后，散射光信号转变成与颗粒物浓度成正比的电信号，通过特定的算法，输出颗粒物的浓度值。能够避免水汽干扰，同时检测精度高。

（3）含氧量测量原理

测量烟气污染物排放必须测量氧气实际浓度，以便能够对气态污染因子排放浓度进行折算。氧的监测方式主要有：氧化锆分析仪、顺磁氧分析仪、化学电池。

　　氧化锆分析仪通常有直接测量法，即测量探头直接安装在烟道中。测量出的氧含量数值以信号输出方式传送至上位机信号接收端。

　　还有烟道抽取式，即采样探头插入烟道，测量池安装在烟道上离烟道一定距离的分析仪中，通过样品输送管路（伴热采样管）将采集的样气输送至烟气分析仪进行分析。

　　氧化锆分析仪测量 O_2 依据的原理：当温度达到 600 ℃以上时，氧化锆就变为良好的氧离子导体。在氧化锆电解质的两面各烧结一个铂电极，当氧化锆两侧的氧分压不同时，氧分压高的一侧的氧以离子形式向氧分压低的一侧迁移，结果使氧分压高的一侧铂电极失去电子显正电，而氧分压低的一侧铂电极得到电子显负电，因而在两铂电极之间产生氧浓差电势。此电势在温度一定时只与两侧气体中氧气含量的差（氧浓差）有关。

　　氧化锆分析仪可以非常精确和可靠地测量氧气浓度，氧化铝分析仪的成本低，但要得到较高精度需经常维护。其测量的是湿基氧的浓度，计算干基氧的浓度时，还必须测量烟气湿度。

　　顺磁氧分析仪原理是利用烟气组分中氧气的磁化率特别高这一物理特性来测定烟气中含氧量。氧气为顺磁性气体（气体能被磁场所吸引的称为顺磁性气体），在不均匀磁场中受到吸引而流向磁场较强处。在该处设有加热丝，使此处氧的温度升高而磁化率下降，因而磁场吸引力减小，受后面磁化率较高的未被加热的氧气分子推挤而排出磁场，由此造成"热磁对流"或"磁风"现象。在一定的气样压力、温度和流量下，通过测量磁风大小就可测得气样中氧气含量。由于热敏元件（铂丝）既作为不平衡电桥的两个桥臂电阻，又作为加热电阻丝，在磁风的作用下出现温度梯度，即进气侧桥臂的温度低于出气侧桥臂的温度。不平衡电桥将随着气样中氧气含量的不同，输出相应的电压值。

　　化学电池测量氧含量的原理是利用电化学燃料电池产生的电流正比于样品中的含氧量。电化学燃料电池的交叉敏感性小，传感器的使用寿命是 6~18 个月，平均寿命是 12 个月，一般情况下该类型的传感器用于便携式分析仪，是理想的便携式仪器。

　　目前已经将 O_2 电化学燃料传感器用于连续监测系统，和前述仪器组成连续分析仪。

（4）VOC 测量原理

　　气相色谱仪是以气体作为流动相（载气）。当样品由微量注射器"注射"进入进样器后，被载气携带进入填充柱或毛细管色谱柱。由于样品中各组分在色谱柱中的流动相（气相）和固定相（液相或固相）间分配或吸附系数的差异，在载气的冲洗下，各组分在两相间做反复多次分配使各组分在柱中得到分离，然后用接在柱后的检测器根据组分的物理化学特性将各组分按顺序检测出来。

　　分析仪单元主要由自动进样阀、色谱柱系统、检测器及恒温炉等部件组成。自动进样阀用于周期性地向色谱柱送入定量样品；色谱柱系统将混合组分分离；检测器对分离后组分进行检测，获得相应的信号；恒温炉用于给检测器提供恒定的温度。

　　检测器主要有：热导检测器（TCD）、氢火焰离子化检测器（FID）、电子捕获检测器（ECD）、火焰光度检测器（FPD）、光离子化检测器（PID）及氮磷检测器（NPD）等。

　　在线气相色谱仪的恒温炉主要有：热丝加热的铸铝炉，最高炉温为 130 ℃，可测物质最高沸点为 150 ℃；空气浴加热炉，最高炉温为 225 ℃，可测物质最高沸点为 270 ℃；程序升温炉，最高炉温为 320 ℃，可测物质最高沸点为 450 ℃。

（5）流速测量原理

测量烟道或管道气体流速的测量方法有皮托管差压法、热传感系统、超声波流速检测。

S 型皮托管由二支同径 304# 不锈钢或 316# 不锈钢和 310# 不锈钢圆管焊接而成，一根管面对气体流动的方向，测量气体的冲击力成动压，为了准确地测量体积流量，还必须测量烟气的温度、压力，定期用压缩空气反吹能够克服颗粒物和水滴引起探头的堵塞或结垢的问题。S 型皮托管准确测量低压差均比较困难，实际测量最小压差约为 5 Pa，能够测量的最低流速为 2~3 m/s。

热传感流速检测系统是通过把加热体的热传输给流动的烟气进行工作的，气体借热空气对流从探头带走热，并导致探头冷却。气流流经探头的速度越快，探头冷却得越快。供给更多的电量维持传感器最初的温度，对于加热丝类型的传感器，气体的质量流量正比于供电量。热传感流速检测系统不适合含有水滴的烟气流速测定。

超声波流速检测器测量超声波脉冲顺气流方向和逆气流方向的传播时间。位于烟道或管道对面的两个发射/接收器典型的角度是 45°。每个发射/接收器压电式换能器发射超声波脉冲跨越烟道到达对面的发射/接收器。脉冲信号跨越烟道或管道的速度取决于烟气的流速。该方法测量的是烟气体积流量。

（6）烟气湿度测量原理

由于我国在计量污染物浓度和排放量时，实行的是标准干烟态下的计量标准，所以对于流量、颗粒物浓度、SO_2 浓度、NO_x 浓度、O_2 浓度等数据需要根据测量的烟气湿度进行干烟态的修正。

烟气湿度的测量方法主要有直接测量法和干湿氧法。

直接测量法：采用电容式传感器，探头直接插入烟道中，探头周围采用特制的过滤器进行保护。

干湿氧法：通常利用插入式氧化锆探头直接测量烟道中的湿态氧含量，利用完全抽取法将烟气抽取后降温除湿，测量出干态氧含量，经计算后得出烟气湿度。

第 2 章　污染源自动监测系统比对监测

本章节对污染源自动监测系统比对监测进行简要介绍，对比对监测的项目、频次、方法、结果评价、质量保证等内容进行规范，并提供比对监测报告参考模板。

2.1　污染源自动监测系统比对监测概述

污染源自动监测系统比对监测是指采用人工监测作为参比（标准）方法，验证污染物自动监测设备监测结果的准确性及有效性的监测行为。污染源自动监控系统比对监测是保证污染源自动监测数据准确性的有效措施之一和重要环节。为充分发挥污染源自动监测设备的监测、监控作用，保证其监测数据的科学性、准确性、可靠性和合法性，对污染源自动监测设备必须实施严格的比对监测及质量控制。

根据相关工作任务，湖南省污染源自动监测系统目前主要有以下几类工作需开展比对监测。

2.1.1　污染源执法比对监测

湖南省生态环境厅《2022 年湖南省生态环境监测方案》（第二十八条）中的污染源执法监测要求：污染源执法监测时要同步对已经安装的自动监控设施进行比对执法监测。

污染源监测为地方事权，按照执法"双随机"和"测管协同"的原则，由市州生态环境局根据管理需求统筹组织生态环境监测机构开展污染源执法监测。按照"谁执法、谁监测"的原则，市州辖区内日常执法监测由市州生态环境局组织实施，可采取指定县市区生态环境监测站或委托社会机构或委托驻市州中心等方式完成。

2.1.2 自行监测专项检查

湖南省生态环境厅《2022年湖南省生态环境监测方案》（第二十九条）中的排污单位自行监测专项检查的检查内容包括：自行监测方案的制订，包括自行监测点位、指标、频次的完整性；按照自行监测方案开展情况；通过查阅自行监测原始记录检查监测全过程的规范性，原始记录包括现场采样、样品运输、储存、交接、分析测试、监测报告等；监测结果在污染源管理系统上的报送情况、公开的完整性、及时性和真实性等；已安装污染源在线监控系统的，对其安装和运营的规范性进行检查。

排污单位自行监测专项检查工作为地方事权，由市州生态环境局负责统筹组织行政区域内排污单位自行监测专项检查工作。原则上按照"谁发证、谁监管"的要求开展检查工作。

2.1.3 其他专项比对监测

其他在线专项比对监测或根据生态环境管理部门需求组织的比对监测。

2.1.4 自行监测比对监测

《关于深化环境监测改革提高环境监测数据质量的意见》中明确污染源自动监测要求。建立重点排污单位自行监测与环境质量监测原始数据全面直传上报制度。重点排污单位应当依法安装、使用污染源自动监测设备，定期检定或校准，保证正常运行，并公开自动监测结果。自动监测数据要逐步实现全国联网。逐步在污染治理设施、监测站房、排放口等位置安装视频监控设施，并与地方环境保护部门联网。取消环境保护部门负责的有效性审核。重点排污单位自行开展污染源自动监测的手工比对，及时处理异常情况，确保监测数据完整有效。自动监测数据可作为环境行政处罚等监管执法的依据。

2.2 废水自动监测系统比对监测内容

2.2.1 比对监测项目

主要为化学需氧量（COD_{Cr}）、总有机碳（TOC）、氨氮、总磷、总氮、pH、铅、镉、砷、总铬、汞、六价铬、锰、铊及流量等。

2.2.2 比对监测依据

HJ 91.1—2019 污水监测技术规范（部分代替 HJ／T 91—2002）；

HJ 353—2019 水污染源在线监测系统（COD_{Cr}、NH_3–N 等）安装技术规范；

HJ 354—2019 水污染源在线监测系统（COD_{Cr}、NH_3–N 等）验收技术规范；

HJ 355—2019 水污染源在线监测系统（COD_{Cr}、NH_3–N 等）运行技术规范；

HJ 762—2015 铅水质自动在线监测仪技术要求及检测方法；

HJ 763—2015 镉水质自动在线监测仪技术要求及检测方法；

HJ 764—2015 砷水质自动在线监测仪技术要求及检测方法；

HJ 798—2016 总铬水质自动在线监测仪技术要求及检测方法；

HJ 926—2017 汞水质自动在线监测仪技术要求及检测方法；

HJ 609—2019 六价铬水质自动在线监测仪技术要求及检测方法；

HJ 15—2019 超声波明渠污水流量计技术要求及检测方法；

DB43/T 969—2014 污染源排放废水锰、铅、镉在线监测系统技术规范；

T/HNAEPI 002—2021 污染源排放废水铊在线监测仪技术要求及检测方法。

2.2.3 比对监测考核指标

主要包括：实际水样比对试验的相对误差/绝对误差和有证标准物质的考核结果。

2.2.4 比对监测频次

2.2.4.1 污染源执法比对监测频次

按湖南省生态环境厅年度生态环境监测方案要求：污染源执法监测频次根据生态环境执法和监管需要确定。对上年度、本年度污染源监测和污染源自动监测超标的排污单位，适当增加执法监测频次。

2.2.4.2 自行监测专项检查频次

按湖南省生态环境厅年度生态环境监测方案要求：按照检查时间随机、检查对象随机的原则，抽查不少于 5% 的发证企业。

2.2.4.3 其他专项比对监测频次

按在线专项或生态环境管理部门要求，依据相关技术规范执行。

2.2.4.4 自行监测中污染源自动监测的手工比对监测频次

2017 年 9 月 21 日中共中央办公厅、国务院办公厅印发《关于深化环境监测改革提高环境监测数据质量的意见》，取消生态环境管理部门的有效性审核比对监测工作。重点排污单位应自行开展污染源自动监测的手工比对，及时处理异常情况，确保监测数据完整有效。

2.2.5 比对监测分析方法

采用国家标准、行业标准中所列方法作为手工比对监测分析方法，不允许使用非标准监测分析方法，部分监测分析方法见表 2.1。

表2.1 部分手工比对监测分析方法

序号	监测分析项目	监测分析方法	方法标准编号
1	化学需氧量	水质 化学需氧量的测定 重铬酸盐法	HJ 828
2	氨氮	水质 氨氮的测定 纳氏试剂分光光度法	HJ 535
		水质 氨氮的测定 水杨酸分光光度法	HJ 536
3	总磷	水质 总磷的测定 钼酸铵分光光度法	GB 11893
4	总氮	水质 总氮的测定 碱性过硫酸钾消解－紫外分光光度法	HJ 636
5	pH	水质 pH值的测定 玻璃电极法	GB 6920
6	铅	水质 铜、锌、铅、镉的测定 原子吸收分光光度法	GB 7475
7	镉	水质 铜、锌、铅、镉的测定 原子吸收分光光度法	GB 7475
8	六价铬	水质 六价铬的测定 二苯碳酰二肼分光光度法	GB 7467
9	锰	水质 铁、锰的测定 火焰原子吸收分光光度法	GB 11911
10	铊	水质 65种元素的测定 电感耦合等离子体质谱法	HJ 700

2.2.6 比对监测结果评价

水污染源在线监测系统实际水样、有证标准溶液比对监测结果评价指标限值见表2.2。

表2.2 比对监测结果评价标准

仪器类型	比对试验评价项目		指标限值	标准来源
化学需氧量水质自动分析仪／总有机碳水质自动分析仪	准确度	有证标准溶液浓度＜30 mg/L	±5 mg/L	HJ/T 354—2019
		有证标准溶液浓度≥30 mg/L	±10%	
	实际水样比对	采用浓度约为现场工作量程上限值0.5倍的标准样品	±10%	
		实际水样COD$_{Cr}$＜30 mg/L（用浓度为20～25 mg/L的标准样品替代实际水样进行测试）	±5 mg/L	HJ/T 355—2019
		30 mg/L≤实际水样COD$_{Cr}$＜60 mg/L	±30%	
		60 mg/L≤实际水样COD$_{Cr}$＜100 mg/L	±20%	
		实际水样COD$_{Cr}$≥100 mg/L	±15%	

（续表）

仪器类型	比对试验评价项目		指标限值	标准来源
氨氮水质自动分析仪	准确度	有证标准溶液浓度＜2 mg/L	±0.3 mg/L	HJ/T 354—2019
		有证标准溶液浓度≥2 mg/L	±10%	
		采用浓度约为现场工作量程上限值0.5倍的标准样品	±10%	
	实际水样比对	实际水样氨氮＜2 mg/L（用浓度为1.5 mg/L的有证标准样品替代实际水样进行测试）	±0.3 mg/L	HJ/T 355—2019
		实际水样氨氮≥2 mg/L	±15%	
总磷水质自动分析仪	准确度	有证标准溶液浓度＜0.4 mg/L	±0.06 mg/L	HJ/T 354—2019
		有证标准溶液浓度≥0.4 mg/L	±10%	
		采用浓度约为现场工作量程上限值0.5倍的标准样品	±10%	
	实际水样比对	实际水样总磷＜0.4 mg/L（用浓度为0.2 mg/L的有证标准样品替代实际水样进行测试）	±0.06 mg/L	HJ/T 355—2019
		实际水样总磷≥0.4 mg/L	±15%	
总氮水质自动分析仪	准确度	有证标准溶液浓度＜2 mg/L	±0.3 mg/L	HJ/T 354—2019
		有证标准溶液浓度≥2 mg/L	±10%	
		采用浓度约为现场工作量程上限值0.5倍的标准样品	±10%	
	实际水样比对	实际水样总氮＜2 mg/L（用浓度为1.5 mg/L的有证标准样品替代实际水样进行测试）	±0.3 mg/L	HJ/T 355—2019
		实际水样总氮≥2 mg/L	±15%	
pH水质自动分析仪	准确度		±0.5	HJ/T 354—2019
	实际水样比对		±0.5	HJ/T 355—2019
铅水质自动分析仪	标准溶液测量	示值误差	±5%	HJ 762—2015
	实际水样比对	实际水样浓度≤0.050 mg/L	±0.010 mg/L	
		实际水样浓度＞0.050 mg/L	≤15%	
汞水质自动分析仪	标准溶液测量	示值误差	±5%	HJ 926—2017
	实际水样比对	实际水样浓度≤0.000 5 mg/L	±0.000 1 mg/L	
		实际水样浓度＞0.000 5 mg/L	≤15%	

（续表）

仪器类型		比对试验评价项目	指标限值	标准来源
砷水质自动分析仪	标准溶液测量	示值误差	±5%	HJ 764—2015
	实际水样比对	实际水样浓度≤0.050 mg/L	±0.010 mg/L	
		实际水样浓度＞0.050 mg/L	≤15%	
镉水质自动分析仪	标准溶液测量	示值误差	±5%	HJ 763—2015
	实际水样比对	实际水样浓度≤0.005 mg/L	±0.001 mg/L	
		实际水样浓度＞0.005 mg/L	≤15%	
总铬水质自动分析仪	标准溶液测量	示值误差	±5%	HJ 798—2016
	实际水样比对		15%	
六价铬水质自动分析仪	标准溶液测量	示值误差	±10%	HJ 609—2019
	实际水样比对	实际水样浓度≤0.400 mg/L	≤0.060 mg/L	
		实际水样浓度＞0.400 mg/L	≤15%	
锰水质自动分析仪	标准溶液测量	示值误差	±10%	DB 43/T 969—2014
	实际水样比对	实际水样≤0.5 mg/L	≤±0.15 mg/L	
		0.5 mg/L＜实际水样≤2 mg/L	≤±30%	
		2 mg/L＜实际水样	≤±15%	
铊水质自动分析仪	标准溶液测量	示值误差	±10%	T/HNAEPI 002—2021
	实际水样比对	0.5 μg/L≤水样＜1 μg/L	≤0.3 μg/L	
		1 μg/L≤水样＜4 μg/L	≤20%	
		水样≥4 μg/L	≤15%	

2.2.7 比对监测质量保证

按照 HJ 91.1—2019 污水监测技术规范、HJ 493—2009 水质样品的保存和管理技术规定，以及本章 2.2 节各项比对监测标准、技术规范的相关要求对水样分析、自动监测实施质量控制。

水污染源在线比对监测使用的有证标准溶液考核应正确保存且经有证的标准样品验证合格后方可使用。

2.2.8　比对监测报告格式（参考模板）

污染源废水自动监测系统
比对监测报告

□□□□□〔　　〕第□□号

项目名称：

监测单位名称：

运行单位：

委托单位：

报告日期：

□□□□（比对监测单位）

（加盖检验检测专用章）

监测报告说明

1. 报告无单位检验检测专用章、骑缝章及 **CMA** 章无效。

2. 报告内容需填写齐全、清楚，涂改无效；无三级审核、签发者签字无效。

3. 未经监测单位书面批准，不得部分复制本报告内容。

4. 本报告及数据不得用于商品广告。

单位名称（盖章）：

法人代表：

联系人：

地址：□□省□□市□□区□□□路□□号

邮政编码：□□□□□□

电话：□□□ – □□□□□□□□

传真：□□□ – □□□□□□□□

一、前言

企业基本情况；

产品生产基本情况；

污染治理设施基本情况；

自动监测设备生产厂家、设备名称、设备型号。

（检测单位）于□□年□□月□□日至□□月□□日对该公司安装于□□□□□□的水污染源在线连续自动监测系统（设备）进行了比对监测。

二、监测依据

（1）HJ 91.1—2019 污水监测技术规范；

（2）HJ/T 92—2002 水污染物排放总量监测技术规范；

（3）HJ/T 373—2007 固定污染源监测质量保证与质量控制技术规范（试行）；

（4）CJ/T 3008.1 ~ 5—1993 城市排水流量堰槽测量标准；

（5）JJG 711—1990 明渠堰槽流量计（试行）；

（6）HJ 828—2017 水质 化学需氧量的测定 重铬酸盐法；

（7）HJ/T 70—2001 高氯废水 化学需氧量的测定 氯气校正法；

（8）HJ 535—2009 水质 氨氮的测定 纳氏试剂分光光度法；

（9）HJ 536—2009 水质 氨氮的测定 水杨酸分光光度法；

（10）GB/T 11893—89 水质 总磷的测定 钼酸铵分光光度法；

（11）HJ 636—2012 水质 总氮的测定 碱性过硫酸钾消解紫外分光光度法；

（12）GB/T 6920—86 水质 pH 值的测定 玻璃电极法；

（13）其他（如 HJ 762—2015）。

三、评价标准

参照 HJ 354—2019 及□□标准（如 HJ 762—2015）中的要求进行比对监测，所有项目的结果应满足表 2.3 的要求。

表2.3 比对试验评价标准

仪器类型	比对试验评价项目		指标限值	标准来源
化学需氧量水质自动分析仪 / 总有机碳水质自动分析仪	准确度	有证标准溶液浓度 < 30 mg/L	± 5 mg/L	HJ/T 354—2019
		有证标准溶液浓度 ≥ 30 mg/	± 10%	
	实际水样比对	采用浓度约为现场工作量程上限值 0.5 倍的标准样品	± 10%	HJ/T 35—2019
		实际水样 COD_{Cr} < 30 mg/L（用浓度为 20 ~ 25 mg/L 的标准样品替代实际水样进行测试）	± 5 mg/L	
		30 mg/L ≤ 实际水样 COD_{Cr} < 60 mg/L	± 30%	
		60 mg/L ≤ 实际水样 COD_{Cr} < 100 mg/L	± 20%	
		实际水样 COD_{Cr} ≥ 100 mg/L	± 15%	
氨氮水质自动分析仪	准确度	有证标准溶液浓度 < 2 mg/L	± 0.3 mg/L	HJ/T 354—2019
		有证标准溶液浓度 ≥ 2 mg/L	± 10%	
	实际水样比对	采用浓度约为现场工作量程上限值 0.5 倍的标准样品	± 10%	HJ/T 355—2019
		实际水样氨氮 < 2 mg/L（用浓度为 1.5 mg/L 的有证标准样品替代实际水样进行测试）	± 0.3 mg/L	
		实际水样氨氮 ≥ 2 mg/L	± 15%	
总磷水质自动分析仪	准确度	有证标准溶液浓度 < 0.4 mg/L	± 0.06 mg/L	HJ/T 354—2019
		有证标准溶液浓度 ≥ 0.4 mg/L	± 10%	
	实际水样比对	采用浓度约为现场工作量程上限值 0.5 倍的标准样品	± 10%	HJ/T 355—2019
		实际水样总磷 < 0.4 mg/L（用浓度为 0.2 mg/L 的有证标准样品替代实际水样进行测试）	± 0.06 mg/L	
		实际水样总磷 ≥ 0.4 mg/L	± 15%	

（续表）

仪器类型	比对试验评价项目		指标限值	标准来源
总氮水质自动分析仪	准确度	有证标准溶液浓度 < 2 mg/L	± 0.3 mg/L	HJ/T 354—2019
		有证标准溶液浓度 ≥ 2 mg/L	± 10%	
	实际水样比对	采用浓度约为现场工作量程上限值 0.5 倍的标准样品	± 10%	HJ/T 355—2019
		实际水样总氮 < 2 mg/L（用浓度为 1.5 mg/L 的有证标准样品替代实际水样进行测试）	± 0.3 mg/L	
		实际水样总氮 ≥ 2 mg/L	± 15%	
pH 水质自动分析仪	准确度		± 0.5	HJ/T 354—2019
	实际水样比对		± 0.5	HJ/T 355—2019
铅水质自动分析仪	标准溶液测量	示值误差	± 5%	HJ 762—2015
	实际水样比对	实际水样浓度 ≤ 0.050 mg/L	± 0.010 mg/L	
		实际水样浓度 > 0.050 mg/L	≤ 15%	
汞水质自动分析仪	标准溶液测量	示值误差	± 5%	HJ 926—2017
	实际水样比对	实际水样浓度 ≤ 0.000 5 mg/L	± 0.000 1 mg/L	
		实际水样浓度 > 0.000 5 mg/L	≤ 15%	
砷水质自动分析仪	标准溶液测量	示值误差	± 5%	HJ 764—2015
	实际水样比对	实际水样浓度 ≤ 0.050 mg/L	± 0.010 mg/L	
		实际水样浓度 > 0.050 mg/L	≤ 15%	
镉水质自动分析仪	标准溶液测量	示值误差	± 5%	HJ 763—2015
	实际水样比对	实际水样浓度 ≤ 0.005 mg/L	± 0.001 mg/L	
		实际水样浓度 > 0.005 mg/L	≤ 15%	
总铬水质自动分析仪	标准溶液测量	示值误差	± 5%	HJ 798—2016
	实际水样比对		15%	

（续表）

仪器类型		比对试验评价项目	指标限值	标准来源
六价铬水质自动分析仪	标准溶液测量	示值误差	±10%	HJ 609—2019
	实际水样比对	实际水样浓度≤0.400 mg/L	≤0.060 mg/L	
		实际水样浓度>0.400 mg/L	≤15%	
锰水质自动分析仪	标准溶液测量	示值误差	±10%	DB 43/T 969—2014
	实际水样比对	实际水样≤0.5 mg/L	≤±0.15 mg/L	
		0.5 mg/L<实际水样≤2 mg/L	≤±30%	
		2 mg/L<实际水样	≤±15%	
铊水质自动分析仪	标准溶液测量	示值误差	±10%	T/HNAEPI 002—2021
	实际水样比对	0.5 μg/L≤水样<1 μg/L	≤0.3 μg/L	
		1 μg/L≤水样<4 μg/L	≤20%	
		水样≥4 μg/L	≤15%	

注：依据比对监测项目增减列项。

四、工况

表2.4 排污企业生产工况核查表

工况核查	核查内容与结论
产品生产工况核查	
污染治理设施工况核查	

五、监测结果

每个项目出一个测试报告表

表2.5 水污染源在线监测系统比对监测结果表

排污企业名称			现场监测日期				
测点名称			分析日期				
工况			样品类型				
测试项目			自动仪器测量范围				
实际水样测试							
样品编号	采样时间	水质分析仪测定值	实验室测定值	绝对误差	相对误差	标准限值	结果评定

（续表）

标准溶液样品测定					
质控样编号	测试时间	测试结果	标准样品编号及批号	标准样品浓度范围	结果评定
技术说明					
	方法	仪器名称	仪器型号	仪器出厂编号	检出限
试验仪器					
自动仪器					
比对结果	（比对结论、其他意见或建议）				

报告编制：　　　　审核：　　　　签发：　　　年　　月　　日

2.3　废气自动监测系统比对监测内容

2.3.1　比对监测项目

主要为颗粒物、二氧化硫、氮氧化物、含氧量、烟气温度、烟气湿度、烟气流速、非甲烷总烃等。

2.3.2　比对监测依据

HJ 75—2017《固定污染源烟气（SO_2、NO_x、颗粒物）排放连续监测技术规范》；

HJ 76—2017《固定污染源烟气（SO_2、NO_x、颗粒物）排放连续监测系统技术要求及检测方法》；

HJ 1013—2018《固定污染源废气非甲烷总烃连续监测系统技术要求及检测方法》；

T/CAEPI 25—2020《固定污染源烟气排放过程（工况）监控系统安装及验收技术指南》；

T/CAEPI 13—2018《火电厂烟气排放过程（工况）监控系统技术指南》；

T/CAEPI 11—2017《固定污染源自动监控（监测）系统现场端建设技术规范》。

2.3.3　比对监测考核指标

主要包括：颗粒物、二氧化硫、氮氧化物、含氧量、非甲烷总烃实测浓度和烟气温度、烟气湿度、烟气流速。

2.3.4 比对监测频次

同本章 2.2.4。

2.3.5 比对监测分析方法

气态污染物比对监测采用国家标准、行业标准中所列方法作为手工比对监测分析方法，不允许使用非标准监测分析方法，部分监测分析方法见表 2.6。

表 2.6 部分手工比对监测分析方法

序号	监测分析项目	监测分析方法	方法标准 编号
1	颗粒物	固定污染源排气中颗粒物测定与气态污染物采样方法	GB 16157—1996
		固定污染源废气 低浓度颗粒物测定 重量法	HJ 836
2	二氧化硫	固定污染源排气中二氧化硫的测定 碘量法	HJ 56
		固定污染源排气中二氧化硫的测定 定电位电解法	HJ 57
		固定污染源废气 二氧化硫的测定 非分散红外吸收法	HJ 629
3	氮氧化物	固定污染源废气 氮氧化物的测定 定电位电解法	HJ 693
		固定污染源废气 氮氧化物的测定 非分散红外吸收法	HJ 692
4	含氧量	电化学法、氧化锆法、热磁式氧分析法	空气和废气监测分析方法（第四版）
5	非甲烷总烃	固定污染源废气 总烃、甲烷和非甲烷总烃的测定气相色谱法	HJ 38

2.3.6 比对监测结果评价

废气污染源在线监测系统比对监测结果评价指标限值见表 2.7。

表2.7　比对监测结果评价标准

检测项目			技术要求	标准来源
气态污染物 CEMS	二氧化硫	准确度	排放浓度 ≥ 250 μmol/mol（715 mg/m³）时，相对准确度 ≤ 15%	H 75 —2017
			50 μmol/mol（143 mg/m³）× 排放浓度 < 250 μmol/mol（715 mg/m³）时，绝对误差不超过 ±20 μmol/mol（57 mg/m³）	
			20 μmol/mol（57 mg/m³）≤排放浓度 < 50 μmol/mol（143 mg/m³）时，相对误差不超过30%	
	氮氧化物	准确度	排放浓度 < 20 μmol/mol（57 mg/m³）时，绝对误差不超过 ±6 μmol/mol（17 mg/m³）	
			排放浓度 ≥ 250 μmol/mol（513 mg/m³）时，相对准确度 ≤ 15%	
			50 μmol/mol（103 mg/m³）≤排放浓度 < 250 μmol/mol（513 mg/m³）时，绝对误差不超过 ±20 μmol/mol（41 mg/m³）	
			20 μmol/mol（41 mg/m³）≤排放浓度 < 50 μmol/mol（103 mg/m³）时，相对误差不超过 ±30%	
			排放浓度 < 20 μmol/mol（41 mg/m³）时，绝对误差不超过 ±6 μmol/mol（12 mg/m³）	
	其他气态污染物	准确度	相对准确度 ≤ 15%	
氧气 CMS	O₂	准确度	> 5.0% 时，相对准确度 ≤ 15%	H 75 —2017
			≤ 5.0% 时，绝对误差不超过 ±1.0%	
颗粒物 CEMS	颗粒物	准确度	排放浓度 > 200 mg/m³ 时，相对误差不超过 ±15%	
			100 mg/m³ <排放浓度 ≤ 200 mg/m³ 时，相对误差不超过 ±20%	
			50 mg/m³ <排放浓度 ≤ 100 mg/m³ 时，相对误差不超过 ±25%	
			20 mg/m³ <排放浓度 ≤ 50 mg/m³ 时，相对误差不超过 ±30%	
			10 mg/m³ <排放浓度 < 20 mg/m³ 时，绝对误差不超过 ±6 mg/m³	
			排放浓度 ≤ 10 mg/m³，绝对误差不超过 ±45 mg/m³	
流速 CMS	流速	准确度	流速 > 10 m/s 时，相对误差不超过 ±10%	
			流速 ≤ 10 m/s 时，相对误差不超过 ±12%	
温度 CMS	温度	准确度	绝对误差不超过 +3 ℃	
湿度 CMS	湿度	准确度	烟气湿度 > 5.0% 时，相对误差不超过 ±25%	
			烟气湿度 ≤ 5.0% 时，绝对误差不超过 ±1.5%	
非甲烷总烃 NMHc-d EMS	非甲烷总烃	准确度	当参比方法测量非甲烷总烃浓度的平均值： a. < 50 mg/m³ 时，绝对误差 ≤ 20 mg/m³； b. ≥ 50 mg/m³ 而 < 500 mg/m³ 时，相对准确度 ≤ 40%； c. ≥ 500 mg/m³ 时，相对准确度 ≤ 35%	H 1013 —2018

2.3.7　比对监测质量保证

按照 HJ/T 397—2007《固定源废气监测技术规范》、HJ/T 373—2007《固定污染源监测质量保证与质量控制技术规范（试行）》以及本章 2.2 节比对监测标准、技术规范的相关要求对气样进行分析，对比对监测实施质量控制。

2.3.8 比对监测报告格式（参考模板）

污染源废气自动监测系统
比对监测报告

□□□□□〔　　〕第□□号

项目名称：
监测单位名称：
运行单位：
委托单位：
报告日期：

□□□□（比对监测单位）

（加盖检验检测专用章）

监测报告说明

1. 报告无单位检验检测专用章、骑缝章及 CMA 章无效。

2. 报告内容需填写齐全、清楚、涂改无效；无三级审核、签发者签字无效。

3. 未经监测单位书面批准，不得部分复制本报告内容。

4. 本报告及数据不得用于商品广告。

单位名称（盖章）：

法人代表：

联系人：

地址：□□省□□市□□区□□□路□□号

邮政编码：□□□□□□

电话：□□□ – □□□□□□□□

传真：□□□ – □□□□□□□□

一、前言

企业基本情况；

产品生产基本情况；

污染治理设施基本情况；

自动监测设备生产厂家、设备名称、设备型号。

（检测单位）于□□年□□月□□日至□□月□□日对该公司安装于□□□□□□的水污染源在线连续自动监测系统（设备）进行了比对监测。

二、监测依据

GB/T 16157—1996 固定污染源排气中颗粒物测定与气态污染物采样方法；

HJ 76—2017 固定污染源烟气（SO_2、NO_x、颗粒物）排放连续监测系统技术要求及检测方法；

HJ/T 212—2017 污染源在线自动监控（监测）系统数据传输标准；

HJ/T 397—2017 固定源废气监测技术规范；

HJ 75—2017 固定污染源烟气（SO_2、NO_x、颗粒物）排放连续监测技术规范；

HJ 836—2017 固定污染源废气 低浓度颗粒物测定 重量法；

HJ 1013—2018 固定污染源废气非甲烷总烃连续监测系统技术要求及检测方法。

三、评价标准

参照HJ75及HJ 1013—2018中要求进行比对监测，所有项目的结果应满足表2.8的要求。

表 2.8 比对监测结果评价标准

检测项目			技术要求	标准来源
气态污染物 CEMS	二氧化硫	准确度	排放浓度≥ 250 µmol/mol（715 mg/m³）时，相对准确度≤ 15%	H 75—2017
			50 µmol/mol（143 mg/m³）× 排放浓度< 250 µmol/mol（715 mg/m³）时，绝对误差不超过 ±20 µmol/mol（57 mg/m³）	
			20 µmol/mol（57 mg/m³）≤排放浓度< 50 µmol/mol（143 mg/m³）时，相对误差不超过 ±30%	
	氮氧化物	准确度	排放浓度< 20 µmol/mol（57 mg/m³）时，绝对误差不超过 ±6 µmol/mol（17 mg/m³）	H 75—2017
			排放浓度≥250 µmol/mol（513 mg/m³）时，相对准确度≤ 15%	
			50 µmol/mol（103 mg/m³）≤排放浓度< 250 µmol/mol（513 mg/m³）时，绝对误差不超过 ±20 µmol/mol（41 mg/m³）	
			20 µmol/mol（41 mg/m³）≤排放浓度< 50 µmol/mol（103 mg/m³）时，相对误差不超过 ±30%	
			排放浓度< 20 µmol/mol（41 mg/m³）时，绝对误差不超过 ±6 µmol/mol（12 mg/m³）	
	其他气态污染物	准确度	相对准确度≤ 15%	
氧气 CMS	O_2	准确度	> 5.0% 时，相对准确度≤ 15%	
			≤ 5.0% 时，绝对误差不超过 ±1.0%	

检测项目			技术要求	标准来源
颗粒物CEMS	颗粒物	准确度	排放浓度 > 200 mg/m³ 时，相对误差不超过 ±15%	H 75—2017
			100 mg/m³ < 排放浓度 ≤ 200 mg/m³ 时，相对误差不超过 ±20%	
			50 mg/m³ < 排放浓度 ≤ 100 mg/m³ 时，相对误差不超过 ±25%	
			20 mg/m³ < 排放浓度 ≤ 50 mg/m³ 时，相对误差不超过 ±30%	
			10 mg/m³ < 排放浓度 < 20 mg/m³ 时，绝对误差不超过 ±6 mg/m³	
			排放浓度 ≤ 10 mg/m³ 时，绝对误差不超过 ±45 mg/m³	
流速CMS	流速	准确度	流速 > 10 m/s 时，相对误差不超过 ±10%	
			流速 ≤ 10 m/s 时，相对误差不超过 ±12%	
温度CMS	温度	准确度	绝对误差不超过 +3 ℃	
湿度CMS	湿度	准确度	烟气湿度 > 5.0% 时，相对误差不超过 ±25%	
			烟气湿度 ≤ 5.0% 时，绝对误差不超过 ±1.5%	
非甲烷总烃NMHc-dEMS	非甲烷总烃	准确度	当参比方法测量非甲烷总烃浓度的平均值： a. < 50 mg/m³ 时，绝对误差 ≤ 20 mg/m³； b. ≥ 50 mg/m³ 而 < 500 mg/m³ 时，相对准确度 ≤ 40%； c. ≥ 500 mg/m³ 时，相对准确度 ≤ 35%	H 1013—2018

四、工况

表 2.9　排污企业生产工况核查表

工况核查	核查内容与结论
产品生产工况核查	
污染治理设施工况核查	

五、监测结果

表 2.10 固定污染源烟气（SO₂、NOₓ、颗粒物）排放连续监测系统比对监测结果表（SO₂）

				SO₂			
实际气样比对结果	日期	时间	手工比对监测数据	在线监测数据	绝对误差 / 相对误差		标准限值

				标准气体在线监测数据		示值误差（%）		标准限值（%）
标准气体比对结果	日期	编号	标准气体浓度	第1次	第2次	第1次	第2次	

		技术说明				
	方法	仪器名称	仪器型号	编号	仪器出厂	检出限
试验仪器						
自动仪器						
比对结果	（比对结论、其他意见或建议）					

表2.11 固定污染源烟气（SO₂、NOₓ、颗粒物）排放连续监测系统比对监测结果表（NOₓ）

				NOₓ		
	日期	时间	手工比对监测数据	在线监测数据	绝对误差／相对误差	标准限值
实际气样比对结果						

	日期	编号	标准气体浓度	标准气体在线监测数据		示值误差（%）		标准限值(%)
				第1次	第2次	第1次	第2次	
标准气体比对结果								

技术说明						
	方法	仪器名称	仪器型号	编号	仪器出厂	检出限
试验仪器						
自动仪器						
比对结果	（比对结论、其他意见或建议）					

表 2.12 固定污染源烟气（SO_2、NO_x、颗粒物）排放连续监测系统比对监测结果表（颗粒物）

颗粒物						
实际气样比对结果	日期	时间	手工比对监测数据	在线监测数据	绝对误差 / 相对误差	标准限值
技术说明						
	方法		仪器名称	仪器型号	编号	仪器出厂	检出限
试验仪器						
自动仪器						
比对结果	（比对结论、其他意见或建议）					

表 2.13 固定污染源烟气（SO_2、NO_x、颗粒物）排放连续监测系统比对监测结果表（含氧量）

含氧量						
实际气样比对结果	日期	时间	手工比对监测数据	在线监测数据	绝对误差 / 相对准确度	标准限值

标气比对结果	日期	编号	标准气体浓度	标准气体在线监测数据		示值误差（%）		标准限值（%）
				第1次	第2次	第1次	第2次	

技术说明						
	方法		仪器名称	仪器型号	编号	仪器出厂	检出限
试验仪器						
自动仪器						
比对结果	（比对结论、其他意见或建议）					

表 2.14　固定污染源非甲烷总烃连续监测系统比对监测结果表

			非甲烷总烃			
	日期	时间	手工比对监测数据	在线监测数据	绝对误差 / 相对误差	标准限值
实际气样比对结果						

	日期	编号	标准气体浓度	标准气体在线监测数据		示值误差（%）		标准限值（%）
				第 1 次	第 2 次	第 1 次	第 2 次	
标准气体比对结果								

	技术说明					
	方法	仪器名称	仪器型号	编号	仪器出厂	检出限
试验仪器						
自动仪器						
比对结果	（比对结论、其他意见或建议）					

表 2.15 固定污染源烟气（SO$_2$、NO$_x$、颗粒物）排放连续监测系统比对监测结果表（流速、温度、湿度）

流速						
	日期	时间	手工比对监测数据	在线监测数据	相对误差（%）	标准限值
实际气样比对结果						

温度						
	日期	时间	手工比对监测数据	在线监测数据	绝对误差	标准限值
实际气样比对结果						

湿度						
	日期	时间	手工比对监测数据	在线监测数据	绝对误差/相对误差	标准限值
实际气样比对结果						
比对结果	（比对结论、其他意见或建议）					

六、比对现场监测照片、数据采集和处理子系统上位机和现场机的数据照片

（采用元道经纬相机拍摄）

报告编制：　　　审核：　　　签发：

年　月　日

第 3 章 污染源自动监测系统检查

本章节结合工作实际对废水、废气自动监测系统主要检查内容进行详细解读。

3.1 废水自动监测系统检查

3.1.1 废水自动监测系统主要检查内容

（1）自动监测设备的安装是否规范：是否符合 HJ 353 等的规定，采样管线长度应不超过 50 m，流量计是否校准。

（2）水质自动采样单元是否符合 HJ 353 等规范要求，应具有采集瞬时水样、混合水样、混匀及暂存水样、自动润洗、排空混匀桶及留样功能等。

（3）监测站房应不小于 15 m²，监测站房应做到专室专用，监测站房内应有合格的给、排水设施，监测站房应有空调和冬季采暖设备、温湿度计、灭火设备等。

（4）设备使用和维护保养记录是否齐全，记录内容是否完整。

（5）是否每 7 天进行巡检并做好相关记录，记录内容是否完整。

（6）是否定期进行校准、校验并做好相关记录，记录内容是否完整，核对校验记录结果和现场端数据库中记录是否一致。

（7）标准物质和易耗品是否满足日常运维要求，是否定期更换，是否在有效期内，是否做好相关记录，记录内容是否清晰、完整。

（8）设备故障状况及处理是否做好相关记录，记录内容是否清晰、完整。

（9）对缺失、异常数据是否及时记录，记录内容是否完整。

（10）核对标准曲线系数、消解温度和时间等仪器设置参数是否与验收调试报告、现场备案表等一致。

3.1.2 废水自动监测系统检查重点流程

3.1.2.1 排污口是否规范

检查：排污口附近是否有低浓度水样或自来水管汇入。

排污口周边是否有明显的偷排迹象。

3.1.2.2 水样是否真实

检查：分析仪器取样管是否与采样系统管路相连。

启动人工做样程序，水泵是否正常开启，水样是否能够通过采样系统管路进入分析仪器。

取样管路从采样点至分析设备是否全程密闭，有无其他管路接入。

疑点：分析仪器水样管插入不明液体中。

分析仪器取样管未固定，极易安装、拆卸。

3.1.2.3 流量数据是否真实

利用超声波明渠流量计原理直接测量液位高度，通过相应的液位 – 流量换算关系，得到相对应的流量数据。堰槽内的流量越大，液位越高，流量越小，液位越低。

检查流量计探头是否固定，探头下方是否有遮挡物。

修正系数设置是否与出厂设置一致。

堰槽种类是否与仪器设置一致。

喉道宽度是否与堰槽标准一致。

液位高度是否准确。

参考使用工具：钢直尺。

3.1.2.4 pH 值是否真实

检查：仪器测量数据是否与 pH 试纸基本一致。标液测试的绝对误差是否在允许范围（±0.5）内。

玻璃电极是否未浸泡在水样中，直接暴露在空气中。电极外的保护套是否已取掉。

仪器探头信号线的中心轴线和屏蔽网线路是否有短接。

数据特征：pH 值数据是否长期为 7 左右不变或者只有极小幅度波动。

3.1.2.5 分析仪器参数是否合理

检查：消解温度、时间是否与说明书或与备案信息一致。（COD 消解时间需大于 10 min，温度高于 165 ℃。水杨酸法氨氮仪器，消解温度一般不高于 50 ℃。）

仪器校准系数是否在仪器标称范围内，系数接近 1 或者斜率接近 1、截距接近 0。

试剂是否过期。试剂标签是否正常，与试剂更换记录是否一致。更换试剂后是否做过校准。

检查工作曲线 K、B、R 值是否在合理范围，能否由校准点推算曲线方程？历史校准记录与台账记录是否一致。

标液检测的误差是否符合国家规范要求。校准标液浓度设置是否与实际校准使用一致。

检查历史数据波动情况是否合理，异常、超标数据和故障是否及时响应和解决，记录本上有没有相应的记录。

检查吸光度与测试结果是否有关联性，水样数据和核查数据能否溯源和反算。

需要操作：对有证标准物质进行考核、检查台账。

3.1.2.6 数据传输是否一致

检查：监测的参数是否与排污许可证一致。

分析仪器数据是否与数采仪一致。

采用模拟量传输仪器的量程设置是否与数采仪量程设置一致。

3.1.3 废水自动监测系统现场检查表

表 3.1 污染源自动监控设施运营现场检查考核表（废水）

检查日期： 年 月 日

企业名称		企业负责人		
监控点名称		监测因子	□ COD □ 氨氮 其他：	
检查项目	检查内容	检查结果	检查依据	备注
（一）排放口和采样点	采样点位置合理，取水有代表性	是□，否□	HJ 353—2019	
	用适宜的采样管路材料，禁止使用软管，管路固定	是□，否□	HJ 353—2019	
	水泵工作正常，无腐蚀和堵塞，预处理系统正常运行	是□，否□	HJ 353—2019	
	采样管路名称、水流方向进行标示	是□，否□	环办环监〔2017〕61号	
	水样无变质地输送至自动分析仪	是□，否□		
	采样点位距离站房不大于 50 m。	是□，否□	HJ 353—2019	
	稳流段长度是否符合要求	是□，否□		
（二）监测站房	站房外应在醒目位置安装基站标识牌	是□，否□	环办环监〔2017〕61号	
	专室专用，面积不小于 15 m²，高度不小于 2.8 m，干净卫生无杂物堆放	是□，否□	HJ 353—2019	
	站房内配有稳压设施且电压稳定、配备 UPS	是□，否□	环办环监〔2017〕61号	
	线路连接是否对应，不存在安全隐患	是□，否□	环办环监〔2017〕61号	
	站房配备冷暖两用空调，且能正常使用，站房温度保持18 ~ 28 ℃	是□，否□	HJ 353—2019	
	进入站房内的管路或线路应标明相应的用途	是□，否□	环办环监〔2017〕61号	

（续表）

检查项目	检查内容	检查结果	检查依据	备注
（二） 监测站房	配备灭火器，在有效期内	是□，否□	HJ 353—2019	
	站房内应有合格的给、排水设施	是□，否□	HJ 353—2019	
	监测仪器废液按规定收集，在桶上做明确标识，仪器废液应送相关单位妥善处理。监测仪器废液应按规定收集，并在桶上做明确标识，酸碱溶液分桶盛放	是□，否□	环办环监〔2017〕61 号	
	规则制度上墙，运维人员信息，联系方式，各在线监测仪工作原理，主要技术参数应在墙上显著位置显示	是□，否□	环办环监〔2017〕61 号	
	其他	是□，否□		
（三） 自动监控设施	按键和显示正常，不影响正常使用	是□，否□	HJ 355—2019	
	试剂是否充足（至少满足一周测量需求）	是□，否□	HJ 355—2019	
	试剂标签是否规范（包括品名、配置人员、配制日期、有效期）	是□，否□	环办环监〔2012〕57 号	
	仪器易耗品使用时效情况（按照仪器要求定期更换）	是□，否□	HJ 355—2019	
	仪器前端采样管路是否正常工作	是□，否□	环办环监〔2012〕57 号	
	仪器做样时间间隔是否合理（频次2小时一次）	是□，否□	环办环监〔2012〕57 号	
	设备内部管路是否无结垢现象	是□，否□	环办环监〔2012〕57 号	
	质控样相对误差不大于标准值的正负10%	是□，否□	HJ 355—2019	
	仪器参数设置是否正确（参数依据备案表），量程设置是否合理（排放标准的2～3倍），校准曲线是否合理	是□，否□	环办环监〔2012〕57 号	
	其他	是□，否□		
（四） 数据采集仪	数据采集误差不大于1%	是□，否□	HJ 477—2019	
	数采仪中储存的历史数据是否保存一年以上	是□，否□	环办环监〔2012〕57 号	
	相关参数设置是否符合要求（通道系数等）	是□，否□	环办环监〔2012〕57 号	
	数采仪显示时间与标准时间误差不超过一分钟	是□，否□	HJ 477—2019	
	数据存储/控制系统的通信模块是否正常工作并传输数据	是□，否□	HJ 477—2019	
	其他	是□，否□		

（续表）

检查项目	检查内容	检查结果	检查依据	备注
（五） 日常运维情况	日常维护记录、维修记录、校准校验记录单独成册	是□，否□	HJ 355—2019	
	运维记录、维修记录与历史数据记录及平台记录是否一致	是□，否□	HJ 355—2019	
	运维记录每周一次	是□，否□	HJ 355—2019	
	质控样比对记录每周一次	是□，否□	HJ 355—2019	
	实样比对、校准校验记录每月一次	是□，否□	HJ 355—2019	
（六） 否决项	数采仪和仪器量程不一致	是□，否□		
	主分析仪现场无法正常工作且未见任何报告文档	是□，否□		
	修改管路等疑似作假行为	是□，否□		
	在线监测设备是否有疑似造假的参数设置	是□，否□		
	数据采集仪是否有疑似造假的参数设置	是□，否□		

质控样比对统计记录

测定因子	COD	氨氮	总磷	总氮	·
质控样浓度					
仪器测定值					
误差					
其他问题					
检查人员 （签字）		企业环保负责人（签字）			

3.2　废气自动监测系统检查

3.2.1 废气自动监测系统检查主要内容

1. 自动监测设备的安装是否规范：是否符合 HJ 75 的规定，采样管线长度原则上不超过 70 m，不得有"U"型管路存在。

2. 自动监测点位设置是否符合 HJ 75 等规范要求，手工监测采样点是否与自动监测设备采样探头的安装位置吻合。

3. 监测站房是否满足要求，是否有空调、温湿度计、灭火设备、稳压电源、UPS 电源等，监测站房应配备不同浓度的有证标准气体，且在有效期内，标准气体一般包含零气和自动监测设备测量的各种气体（SO_2、NO_x、O_2）的量程标气。

4. 设备使用和维护保养记录是否齐全，记录内容是否完整。

5. 是否每 7 天进行巡检并做好相关记录，记录内容是否完整。

6. 是否定期进行校准、校验并做好相关记录，记录内容是否完整，核对校验记录结果和现场端数据库中记录是否一致。

7. 标准物质和易耗品是否满足日常运维要求，是否定期更换，是否在有效期内，是否做好相关记录，记录内容是否清晰、完整。

8. 设备故障状况及处理是否做好相关记录，记录内容是否清晰、完整。

9. 对缺失、异常数据是否及时记录，记录内容是否完整。

10. 自动监测设备伴热管线设置温度、冷凝器设置温度、皮托管系数、速度场系数、颗粒物回归方程等仪器设置参数是否与验收调试报告、现场备案表等一致，量程设置是否合理。

3.2.2 废气自动监测系统检查重点流程

3.2.2.1 气样是否真实

检查：站房内是否有多余管路接入采样管或分析仪器。

一般正常情况，保温层内至少包裹有 1 根采样管和 1 根加热线，部分还有反吹管和校准管。采样管经预处理环节后接入分析仪器，反吹管与空压机相连，校准管与校准阀相连。

从采样点至站房，有无其他管路接入采样。

含氧量是否正常。

参考操作：全程通标气。如对标定管路存疑，可在采样点通标气。

测空气。测空气时，氧含量应为 21% 左右；测非氧标气时为 0。

3.2.2.2 数采仪参数设置是否正常

检查：数采仪量程设置是否与模拟量输出的分析仪器一致。烟道截面积是否准确。

斜率、截距及相关系数设置是否正常。斜率一般接近 1，截距一般接近 0，或者相关系数接近 1。

废气自动监控设施常用换算公式：

ppm 换算成 mg/m^3 公式（分子量 /22.4）：SO_2 mg/m^3=64/22.4×SO_2 ppm=2.86×SO_2 ppm。（SO_2 的分子量为 64）。

CEMS 测量 NO_x 是以 NO_2 计，即将 NO 先换算为 NO_2。

NO mg/m^3=30/22.4×NO ppm=1.34×NO ppm。（NO 的分子量为 30）。

NO_x（NO_2）=46/30×NO=1.53×NO，（NO_2 的分子量为 46）。

3.2.2.3 颗粒物数据是否真实

颗粒物自动监测设备（激光散射法）工作原理：激光散射原理是利用激光照射空气中悬浮颗粒产生散射，同时将散射光收集到特定的角度，得到散射光强随时间变化的曲线，通过算法得到颗粒等效粒径和单位体积内不同颗粒大小的颗粒数。

检查颗粒物分析仪铭牌，量程是否与数采仪量程设置一致。测量距离（光程）是否小于烟道直径。

光源和镜片是否干净，是否有异物遮挡。鼓风机或反吹气是否正常。

参考操作：拆卸颗粒物探头，擦拭光源与镜片。将测量档位调节至零点或量程点档，检查数采仪端的值是否正常。

3.2.2.4 二氧化硫数据是否真实

检查：采样管路是否向下倾斜、存在 "U 型管"、有积水。

过滤器、干燥管内是否有积水。

伴热管温度是否高于 120 ℃。

参考操作：用眼看是否有积水，用手感受伴热管温度。

表3.2 污染源自动监控设施运营现场检查考核表（废气）

检查日期： 年 月 日

企业名称		企业负责人		
监控点名称		监测因子	□烟尘 □二氧化硫 □氮氧化物 其他:	
检查项目	检查内容	检查结果	检查依据	其他情况
（一）排口和采样点	采样位置的合理，采样平台大于 5 m²，护栏高于 1.2 m	是□，否□	HJ 75—2017	
	手工采样孔在采样孔后 0.5 m 处	是□，否□	HJ 75—2017	
	伴热管走线正常，无 U 型、折弯小于 90°，伴热管温度大于 120°	是□，否□	HJ 75—2017	
	采样管路是否存在不固定管路	是□，否□	HJ 75—2017	
	有 "之" 字梯或斜爬梯，非直爬梯	是□，否□	HJ 75—2017	
	其他	是□，否□		
（二）监测站房	站房高度不小于 2.8 m，面积不小于 12 m²	是□，否□	HJ 75—2017	
	站房外醒目处应悬挂在线监测房标记牌	是□，否□	HJ 75—2017	
	卫生站房整洁、干净、有序	是□，否□	HJ 75—2017	
	配备照明、专用配电；配置UPS，电源电容不小于 10 kW	是□，否□	HJ 75—2017	
	线路连接是否对应，不存在安全隐患	是□，否□	HJ 75—2017	
	站房配备冷暖两用空调，且能正常使用，站房温度保持 25±0.5℃	是□，否□	HJ 75—2017	
	进入站房内的管路或线路应标明相应的用途	是□，否□	HJ 75—2017	
	配备灭火器，在有效期内	是□，否□	HJ 75—2017	
	安装防雷设施（平台、监测房）	是□，否□	HJ 75—2017	
	规则制度上墙，运维人员信息，联系方式，各在线监测仪工作原理，主要技术参数应在墙上显著位置显示	是□，否□	环办环监〔2017〕61号	
	其他。	是□，否□		
（三）自动监控设施	设备是否正常启动运行	是□，否□	环办环监〔2017〕57号	
	标准气体是否在有效期内且其浓度与量程相匹配	是□，否□	环办环监〔2012〕57号	
	仪器易耗品使用时效情况（按照仪器要求定期更换）	是□，否□	HJ 75—2017	
	设备内部前置冷凝器是否工作正常	是□，否□	环办环监〔2012〕57号	
	设备内部管路是否无结垢现象	是□，否□	环办环监〔2012〕57号	
	主分析仪测量信号是否真实，仪器测量数据是否正常变化	是□，否□	环办环监〔2012〕57号	

（续表）

检查项目	检查内容	检查结果	检查依据	备注
	仪器参数设置是否正确（参数依据备案表），量程设置是否合理（排放标准的 2～3 倍）校准曲线是否合理	是□，否□	环办环监〔2012〕57 号	
（四）数据采集仪	一次仪表与数采仪数据传输误差不超过量程的 1%	是□，否□	环办环监〔2017〕61 号	
	数采仪中储存的历史数据是否保存一年以上	是□，否□	环办环监〔2017〕61 号	
	相关参数设置是否符合要求（通道系数等）	是□，否□	环办环监〔2017〕61 号	
	数采仪显示时间与标准时间误差不超过一分钟	是□，否□	HJ 477—2009	
	数据存储／控制系统的通信模块是否正常工作并传输数据	是□，否□	HJ 477—2009	
	其他	是□，否□		
（五）日常运维情况	日常维护记录、维修记录、校准校验记录单独成册	是□，否□	HJ 76—2017	
	运维记录、维修记录与历史数据记录及平台记录是否一致	是□，否□	HJ 76—2017	
	运维记录每周一次	是□，否□	HJ 76—2017	
	质控样比对记录每周一次	是□，否□	HJ 76—2017	
	实样比对、校准校验记录每月一次	是□，否□	HJ 76—2017	
（六）否决项	数采仪和仪器量程不一致	是□，否□		
	主分析仪现场无法正常工作且未见任何报告文档	是□，否□		
	修改管路等疑似作假行为	是□，否□		
	在线监测设备是否有疑似造假的参数设置	是□，否□		
	数据采集仪是否有疑似造假的参数设置	是□，否□		

质控样比对统计记录

测定因子	二氧化硫	氮氧化物	一氧化氮			
质控样浓度						
仪器测定值						
误差						
其他问题						
检查人员（签字）		企业环保负责人（签字）				

第 4 章　法律法规与技术规范

本章节归纳了现行的污染源自动监测管理法律法规、技术规范、湖南省地方标准及团体标准，并对在线监控管理主要违法行为的判定处罚依据常用条款进行详细列举。

4.1　污染源自动监测管理的主要法律法规和技术规范

4.1.1 法律法规

2015.01.01 中华人民共和国环境保护法；

2018.01.01 中华人民共和国水污染防治法；

2018.10.26 中华人民共和国大气污染防治法；

2005.11.01（总局令第 28 号）污染源自动监控管理办法；

2006.04.01（湖南省人民政府令第 203 号）湖南省污染源自动监控管理办法；

2008.05.01（环发〔2008〕6 号）污染源自动监控设施运行管理办法；

2010.02.23（环函〔2007〕241 号）污染源监控中心建设规范（暂行）；

2010.08.31（总站统字〔2010〕192 号）污染源自动监测设备比对监测技术规定（试行）；

2012.04.01（部令第 19 号）污染源自动监控设施现场监督检查办法；

2012.04.11（环办〔2012〕57 号）污染源自动监控设施现场监督检查技术指南；

2015.04.16（国发〔2015〕17 号）水污染防治行动计划（水十条）；

2017.08.03（环办环监〔2017〕61 号）环保部关于加快重点行业重点地区的重点排污单位自动监控工作的通知；

2017.09.01（厅字〔2017〕35 号）印发《关于深化环境监测改革提高环境监测数据质量的意见》的通知；

2017.11.25（环办监测〔2017〕86 号）重点排污单位名录管理规定（试行）；

2018.01.10（部令 第 48 号）排污许可管理办法（试行）；

2018.04.09（环水体〔2018〕16 号）关于加强固定污染源氮磷污染防治的通知；

2018.08.30（环办环监〔2018〕25 号）关于加强重点排污单位自动监控建设工作的通知；

2019.11.26（2019 部公告 第 50 号）生活垃圾焚烧发电厂自动监测数据标记规则；

2020.01.01（2019 部令 第 10 号）生活垃圾焚烧发电厂自动监测数据应用管理规定；

2020.03.02（环办监测函〔2020〕90 号）关于印发《固定污染源废气中非甲烷总烃排放连续监测技术指南（试行）》的通知；

2020.06.16 湖南省生态环境厅关于印发《2020 年挥发性有机物综合整治工作方案》的通知；

2021.02.23（国务院令第 736 号）排污许可管理条例；

2021.10.22（环办执法函〔2021〕484 号）关于做好重点单位自动监控安装联网相关工作的通知。

4.1.2 技术规范

HJ 75—2017 固定污染源烟气（SO_2、NO_x、颗粒物）排放连续监测技术规范；

HJ 76—2017 固定污染源烟气（SO_2、NO_x、颗粒物）排放连续监测系统技术要求及检测方法；

HJ 91.1—2019 污水监测技术规范（部分代替 HJ／T91—2002）；

HJ 353—2019 水污染源在线监测系统（COD_{Cr}、NH_3–N 等）安装技术规范；

HJ 354—2019 水污染源在线监测系统（COD_{Cr}、NH_3–N 等）验收技术规范；

HJ 355—2019 水污染源在线监测系统（COD_{Cr}、NH_3–N 等）运行技术规范；

HJ 356—2019 水污染源在线监测系统（COD_{Cr}、NH_3–N 等）数据有效性判别技术规范；

HJ 212—2017 污染物在线监控（监测）系统数据传输标准；

HJ 477—2009 污染源在线自动监控（监测）数据采集传输仪技术要求；

HJ 819—2017 排污单位自行监测技术指南 总则；

HJ 1013—2018 固定污染源废气非甲烷总烃连续监测系统技术要求及检测方法；

HJ 762—2015 铅水质自动在线监测仪技术要求及检测方法；

HJ 763—2015 镉水质自动在线监测仪技术要求及检测方法；

HJ 764—2015 砷水质自动在线监测仪技术要求及检测方法；

HJ 798—2016 总铬水质自动在线监测仪技术要求及检测方法；

HJ 926—2017 汞水质自动在线监测仪技术要求及检测方法；

HJ 609—2019 六价铬水质自动在线监测仪技术要求及检测方法；

HJ 15—2019 超声波明渠污水流量计技术要求及检测方法 。

4.1.3 地方标准、团体标准

DB43/T 969—2014 污染源排放废水锰、铅、镉在线监测系统技术规范；

T/HNAEPI 002—2021 污染源排放废水铊在线监测仪技术要求及检测方法；

T/CAEPI 25—2020 固定污染源烟气排放过程（工况）监控系统安装及验收技术指南；

T/CAEPI 13—2018 火电厂烟气排放过程（工况）监控系统技术指南；

T/CAEPI 11—2017 固定污染源自动监控（监测）系统现场端建设技术规范；

T/CAEPI 2—2016 环境保护设施运营单位运营服务能力要求。

4.2　自动监测主要违法行为的判定及处罚依据

4.2.1 未履行安装自动监测设备的法定义务

4.2.1.1 安装自动监测设备的依据

《环境保护法》

第四十二条第三款　重点排污单位应当按照国家有关规定和监测规范安装使用监测设备，保证监测设备正常运行，保存原始监测记录。

《水污染防治法》

第二十三条第一款　实行排污许可管理的企业事业单位和其他生产经营者应当按照国家有关规定和监测规范，对所排放的水污染物自行监测，并保存原始监测记录。重点排污单位还应当安装水污染物排放自动监测设备，与环境保护主管部门的监控设备联网，并保证监测设备正常运行。具体办法由国务院环境保护主管部门规定。

《大气污染防治法》

第二十四条　企业事业单位和其他生产经营者应当按照国家有关规定和监测规范，对其排放的工业废气和本法第七十八条规定名录中所列有毒有害大气污染物进行监测，并保存原始监测记录。其中，重点排污单位应当安装、使用大气污染物排放自动监测设备，与生态环境主管部门的监控设备联网，保证监测设备正常运行并依法公开排放信息。

监测的具体办法和重点排污单位的条件由国务院生态环境主管部门规定。

《企业事业单位环境信息公开办法》

第八条　具备下列条件之一的企业事业单位，应当列入重点排污单位名录：

被设区的市级以上人民政府环境保护主管部门确定为重点监控企业的；

具有试验、分析、检测等功能的化学、医药、生物类省级重点以上实验室、二级以上医院、污染物集中处置单位等污染物排放行为引起社会广泛关注的或者可能对环境敏感区造成较大影响的；

三年内发生较大以上突发环境事件或者因环境污染问题造成重大社会影响的；

其他有必要列入的情形。

《排污许可管理条例》

第二十条　实行排污许可重点管理的排污单位，应当依法安装、使用、维护污染物排放自动监测设备，并与生态环境主管部门的监控设备联网。

4.2.1.2 应安装自动监控设备的企业和监测因子依据

（1）大气、水环境重点排污单位，有条件的土壤（重金属）重点监管单位

《关于加强重点排污单位自动监控建设工作的通知》（环办环监〔2018〕25 号）

经设区的市级以上地方人民政府生态环境主管部门确定，列入年度重点排污单位名录中的大气环境重点排污单位、水环境重点排污单位、已核发排污许可证的重点排污单位应当按照许可证要求实施自动监控。

废气监控点应当监控颗粒物、二氧化硫、氮氧化物三项污染物，以及烟气含氧量、流速、流量、温度、湿度五项烟气参数。

废水监控点应当监控化学需氧量、氨氮两项污染物，以及废水流量、pH 两项参数。纳入《关于加强固定污染源氮磷污染防治的通知》（环水体〔2018〕16 号）氮磷重点排放行业的企业还应当监控总氮、总磷两项污染物。有条件的地区可以结合重金属污染排放控制有关要求对汞、铬、镉、铅、砷等污染物排放实施自动监控。（根据《国务院关于印发"十三五"生态环境保护规划的通知》（国发〔2016〕65 号），洞庭湖为总氮总量控制区；根据《洞庭湖生态经济区规划》范围包括湖南省岳阳市、常德市、益阳市，长沙市望城区和湖北省荆州市，共 33 个县（市、区），规划面积 6.05 万平方千米。）

（2）工业集聚区污水集中处理设施

《水污染防治行动计划》

（水十条）第一条第一款　2017 年底前，工业集聚区应按规定建成污水集中处理设施，并安装自动在线监控装置。（按省厅重点排污单位名录修订要求，目前为省级以上工业园区污染处理设施录入重点名录）

（3）有关 VOCs 排放单位

湖南省生态环境厅《2020 年挥发性有机物综合整治工作方案》

单个排气口排气量大于 50 000 m^3/h 或排气口 VOCs 排放速率（包括等效排气筒的等效排放速率）大于 2.5 kg/h 的，应安装 VOCs 在线监测设备，监测项目应包括非甲烷总烃、苯系物（苯、甲苯、二甲苯）和温度、压力、流速等，其中采用等效排气筒测算的各排气筒均应安装在线监测设备，监测数据实时传输至省、市相应的信息管理平台。

（4）污染物排放量较大的企业

《湖南省污染源自动监控管理办法》（湖南省人民政府令第 203 号）

有下列情形之一的，排污者必须按照环境保护行政主管部门的要求建设、安装自动监控设备及其配套设施：

拥有向大气排放烟尘、二氧化硫、氮氧化物等污染物，额定蒸发量在 20 t 以上的燃煤锅炉的；

拥有有组织向大气排放烟尘、二氧化硫、氮氧化物等污染物，排放量相当于额定蒸发量在 20 t 以上燃煤锅炉的工业炉窑和固体废物焚烧炉的；

日排放含有二类污染物的废水 1 000 t 以上的；

日排放含有一类污染物或者病毒、病菌的废水 100 t 以上的；

其他拥有影响公共利益，按照环境保护法律法规的规定，须重点监管的污染源的。

4.2.1.3 未按规定安装自动监测设备的处罚依据

（1）《中华人民共和国大气污染防治法》第一百条、《中华人民共和国水污染防治法》第八十二条 未按照规定安装污染物排放自动监测设备，未按照规定与环境保护主管部门的监控设备联网，或者未保证监测设备正常运行的，责令限期改正，处二万元以上二十万元以下的罚款；拒不改正的，责令停产整治。

（2）《排污许可管理条例》第三十六条 违反本条例规定，排污单位有下列行为之一的，由生态环境主管部门责令改正，处 2 万元以上 20 万元以下的罚款；拒不改正的，责令停产整治：

①损毁或者擅自移动、改变污染物排放自动监测设备；

②未按照排污许可证规定安装、使用污染物排放自动监测设备并与生态环境主管部门的监控设备联网，或者未保证污染物排放自动监测设备正常运行；

③发现污染物排放自动监测设备传输数据异常或者污染物排放超过污染物排放标准等异常情况不报告。

4.2.2 篡改、伪造污染源自动监测数据

《最高人民法院最高人民检察院关于办理环境污染刑事案件适用法律若干问题的解释》第一条第七款及第十条第一、二款，重点排污单位篡改、伪造自动监测数据或者干扰自动监测设施，排放化学需氧量、氨氮、二氧化硫、氮氧化物等污染物的，应当认定为"严重污染环境"；修改参数或者监测数据的，干扰采样，致使监测数据严重失真的，应当依照刑法第二百八十六条的规定，以破坏计算机信息系统罪论处。

4.2.3 超标排放污染物

《中华人民共和国大气污染防治法》第九十九条及《中华人民共和国水污染防治法》第八十三条 超过大气（水）污染物排放标准或者超过重点大气（水）污染物排放总量控制指标排放水污染物的，责令限制生产、停产整治，并处十万元以上一百万元以下的罚款；情节严重的，报经有批准权的人民政府批准，责令停业、关闭。

《排污许可管理条例》第二十九条 生态环境主管部门依法通过现场监测、排污单位污染物排放自动监测设备、全国排污许可证管理信息平台获得的排污单位污染物排放数据，可以作为判定污染物排放浓度是否超过许可排放浓度的证据。

排污单位自行监测数据与生态环境主管部门及其所属监测机构在行政执法过程中收集的监测数据不一致的，以生态环境主管部门及其所属监测机构收集的监测数据作为行政执法依据。

4.2.4 重点排污单位未对监测数据的真实性、准确性负责

4.2.4.1《环境保护法》

重点排污单位应当按照国家有关规定和监测规范安装使用监测设备，保证监测设备正常运行，保存原始监测记录。

4.2.4.2《大气污染防治法》第二十五条

重点排污单位应当对自动监测数据的真实性和准确性负责。生态环境主管部门发现重点排污单位的大气污染物排放自动监测设备传输数据异常，应当及时进行调查。

4.2.4.3《水污染防治法》第二十四条

实行排污许可管理的企业事业单位和其他生产经营者应当对监测数据的真实性和准确性负责。

4.2.5 自动监测数据未与其他有关证据构成证据链

环境保护部办公厅《关于自动在线监控数据应用于环境行政执法有关问题的复函》（环办环监函〔2016〕1506 号）

污染源自动在线监控数据与其他有关证据共同构成证据链，可以应用于环境行政执法。（超标数据与现场检查获取的证据形成证据链，证明排污单位确实存在污染物排放超标违法行为时，监测数据可作为环境行政处罚的依据。）

重点排污单位应当按照法律法规标准规范安装使用自动监测设备，与生态环境主管部门的监控设备联网，保证监测设备正常运行，保存原始监测记录，并对自动监测数据的真实性和准确性负责。

若监管执法中发现未按照规定安装使用自动监测设备并联网，或者未保证监测设备正常运行的，将依照《中华人民共和国水污染防治法》第一百条和《中华人民共和国大气污染防治法》第八十二条等有关规定予以处罚。

排污单位应在规定时限内完成自动监测设备安装并与生态环境部门的监控设备联网，并应对自动监测设备进行定期检定或校准，保证正常运行；自行开展污染源自动监测的手工比对，及时处理异常情况，确保监测数据完整有效。

4.2.6 其他自动监测违法行为

4.2.6.1《中华人民共和国大气污染防治法》（2018 年修正）

第二十四条　企业事业单位和其他生产经营者应当按照国家有关规定和监测规范，对其排放的工业废气和本法第七十八条规定名录中所列有毒有害大气污染物进行监测，并保存原始监测记录。其中，重点排污单位应当安装、使用大气污染物排放自动监测设备，与生态环境主管部门的监控设备联网，保证监测设备正常运行并依法公开排放信息。监测的具体办法和重点排污单位的条件由国务院生态环境主管部门规定。

第一百条　违反本法规定，有下列行为之一的，由县级以上人民政府生态环境主管部门责令改正，处二万元以上二十万元以下的罚款；拒不改正的，责令停产整治：

（1）侵占、损毁或者擅自移动、改变大气环境质量监测设施或者大气污染物排放自动监测设备的；

（2）未按照规定对所排放的工业废气和有毒有害大气污染物进行监测并保存原始监测记录的；

（3）未按照规定安装、使用大气污染物排放自动监测设备或者未按照规定与生态环境主管部门的监控设备联网，并保证监测设备正常运行的；

（4）重点排污单位不公开或者不如实公开自动监测数据的；

（5）未按照规定设置大气污染物排放口的。

4.2.6.2《中华人民共和国水污染防治法》（2018 年 1 月 1 日起施行）

第二十三条　实行排污许可管理的企业事业单位和其他生产经营者应当按照国家有关规定和监测规范，对所排放的水污染物自行监测，并保存原始监测记录。重点排污单位还应当安装水污染物排放自动监测设备，与环境保护主管部门的监控设备联网，并保证监测设备正常运行。具体办法由国务院环境保护主管部门规定。

第八十二条　违反本法规定，有下列行为之一的，由县级以上人民政府环境保护主管部门责令限期改正，处二万元以上二十万元以下的罚款；逾期不改正的，责令停产整治：

（1）未按照规定对所排放的水污染物自行监测，或者未保存原始监测记录的；

（2）未按照规定安装水污染物排放自动监测设备，未按照规定与环境保护主管部门的监控设备联网，或者未保证监测设备正常运行的；

（3）未按照规定对有毒有害水污染物的排污口和周边环境进行监测，或者未公开有毒有害水污染物信息的。

4.2.6.3《治安管理处罚法》

第二十九条　有下列行为之一的，处五日以下拘留；情节较重的，处五日以上十日以下拘留：

（1）违反国家规定，侵入计算机信息系统，造成危害的；

（2）违反国家规定，对计算机信息系统功能进行删除、修改、增加、干扰，造成计算机信息系统不能正常运行的；

（3）违反国家规定，对计算机信息系统中存储、处理、传输的数据和应用程序进行删除、修改、增加的；

（4）故意制作、传播计算机病毒等破坏性程序，影响计算机信息系统正常运行的。

4.2.6.4《刑法》

第二百八十六条　违反国家规定，对计算机信息系统功能进行删除、修改、增加、干扰，造成计算机信息系统不能正常运行，后果严重的，处五年以下有期徒刑或者拘役；后果特别严重的，处五年以上有期徒刑。

违反国家规定，对计算机信息系统中存储、处理或者传输的数据和应用程序进行删除、修改、增加的操作，后果严重的，依照前款的规定处罚。

故意制作、传播计算机病毒等破坏性程序，影响计算机系统正常运行，后果严重的，依照第一款的规定处罚。

4.2.6.5《关于固定污染源排污限期整改有关事项的通知》（环环评〔2020〕19号）

排污单位存在下列情形之一的，生态环境主管部门暂不予核发排污许可证，并下达排污限期整改通知书（以下简称整改通知书）：（三）"其他"类，如未按照规定安装、使用自动监测设备并与生态环境主管部门监控设备联网，未按规定设置污染物排放口等。

整改期限为三个月至一年。对于存在多种整改情形的，整改通知书应分别提出相应整改要求，整改期限以整改时间最长的情形为准，不得累加，最长不超过一年。排污单位应根据存在的问题，提出切实可行的整改计划。生态环境主管部门应合理确定整改期限。

第5章 自动监测数据造假典型案例及分析

本章节对生态环境部近期公布的最新自动监测数据弄虚作假典型案例、自动监测执法典型案例进行分类汇总分析。

为杜绝污染源自动监测数据弄虚作假的现象，确保自动监控发挥实效，近年来生态环境部持续组织打击自动监测数据弄虚作假违法行为，各级生态环境部门亦开展日常监督检查和专项检查，查处了多起涉嫌篡改、伪造自动监测数据和干扰自动监测设施的案件。

在这些案件中，弄虚作假的行为主要可以分为两大类。一是通过破坏或干扰硬件设备（如：污染处理设施、采样系统、自动监测设备等）来降低在线设备的测量值；二是通过破坏或干扰软件设备（如：更改自动监测设备的标定系统以改变电信号、量程、参数或计算公式等）改变监测结果。约70%的弄虚作假行为是通过干扰软件设备来实施的，因为这类弄虚作假途径易实施、易恢复、难取证。因通过破坏或干扰硬件设备的造假行为易暴露、易取证、难实施，通过该类途径造假的案件约占30%。

5.1 硬件造假典型案例

造假方式一：人为操纵不正常运行污染防治设施，通过篡改、伪造监测数据逃避监管的方式违法排放污染物等。

5.1.1 案例一（案例来源：生态环境部官网）

2021年6月，生态环境部通报了全国首例通过使用"COD去除剂"对水质监测数据进行造假的案例。

2020年5月，生态环境部生态环境执法局和陕西省生态环境厅联合现场调查发现陕西环保集团水环境（神木）有限公司运营的神木市污水处理厂使用一种"COD去除剂"处理污水。生态环境部对该去除剂进行模拟实验，分析研究组分及COD去除功效；组织相关行业专家论证，并咨询法律专家，综合得出："COD去除剂"主要组分为氯酸钠，该物质并不能真正去除水中的COD，只是掩蔽了COD的测定过程，使得COD的测定结果偏低，该污水处理厂使用该物质处理污水，应认定为"通过篡改、伪造监测数据的方式逃避监管违法排放污染物"。随后，生态环境部责成陕西省生态环境厅依法依规严肃查处该污水处理厂环境违法行为。

2020年9月—11月，陕西省生态环境厅深入调查，查清该污水处理厂共累计投加131余吨"COD去除剂"处理污水和不正常运行水污染防治设施等环境违法行为。

案例分析：

该公司的行为违反了《中华人民共和国环境保护法》第四十二条的规定："重点排污单位应当按照国家有关规定和监测规范安装使用监测设备，保证监测设备正常运行，保存原始监测记录。严禁通过暗管、渗井、渗坑、灌注或者篡改、伪造监测数据，或者不正常运行防治污染设施等逃避监管的方式违法排放污染物。"和《中华人民共和国水污染防治法》第三十九条的规定："禁止利用渗井、渗坑、裂隙、溶洞，私设暗管，篡改、伪造监测数据，或者不正常运行水污染防治设施等逃避监管的方式排放水污染物。"

地方生态环境局对该污水处理厂使用"COD去除剂"构成"通过篡改、伪造监测数据逃避监管的方式违法排放污染物"和不正常运行水污染防治设施等违法行为进行立案处罚，分别处以20万元和40万元罚款，并责令立即停止违法行为，同时将该污水处理厂涉嫌环境违法的问题移送公安部门。公安部门予以立案并对该污水处理厂应急系统负责人郗某、直接责任人高某予以行政拘留。陕西省纪检部门对陕西环保集团水环境（神木）有限公司上级公司的董事长齐某给予政务警告处分、总工程师朱某给予诫勉谈话。陕西环保集团水环境（神木）有限公司法定代表人、董事长、总经理张某也已被免职。

5.1.2 案例二（案例来源：生态环境部官网）

为有力推动重点区域空气质量持续改善，加强细颗粒物和臭氧协同治理、氮氧化物和挥发性有机物协同减排，2021年6月，生态环境部派出11个专业组和30个常规组，持续开展重点区域空气质量改善监督帮扶工作。

现场检查发现，宿迁市沭阳鑫达新材料有限公司废气自动监测设施不正常运行，现场通入浓度为98.49 mg/m³的二氧化硫标气进行测试，分析仪显示二氧化硫浓度为45.88 mg/m³，通入空气（氧含量21%）进行测试，分析仪显示氧含量为14.45%，均明显超过《固定污染源烟气（SO_2、NO_x、颗粒物）排放连续监测技术规范（HJ 75—2017）》规定的示值误差±2.5%的要求。检查还发现，该公司正常生产期间，烟气脱硝设施配套的喷氨泵未开启，脱硝设施处于闲置状态。现场监测，烟气中二氧化硫浓度为1 442 mg/m³，氮氧化物浓度为2 438 mg/m³，严重超标（排污许可限值分别为400 mg/m³和700 mg/m³）。

案例分析：

该公司自动监测设施不正常运行、治污设施停运，违反了《中华人民共和国环境保护法》第四十二条的规定："重点排污单位应当按照国家有关规定和监测规范安装使用监测设备，保证监测设备正常运行，保存原始监测记录。严禁通过暗管、渗井、渗坑、灌注或者篡改、伪造监测数据，或者不正常运行防治污染设施等逃避监管的方式违法排放污染物。"和《中华人民共和国大气污染防治法》第二十条第二款的规定："禁止通过偷排、篡改或者伪造监测数据、以逃避现场检查为目的的临时停产、非紧急情况下开启应急排放通道、不正常运行大气污染防治设施等逃避监管的方式排放大气污染物。"

造假方式二：逃避监管，采取人工遮挡等方式干扰自动监测设备，导致自动监测数据失真。

5.1.3 案例三（案例来源：生态环境部官网）

2020 年 4 月 26 日，安徽省环境监察局、阜阳市环境监察支队和颍东区环境监察大队执法人员对阜阳鼎胜新型建材有限公司进行现场检查，发现该公司烟气自动监测设备烟尘仪接受镜片上贴有黑色绝缘胶布。执法人员调阅该公司自动监控历史数据发现，工控机界面显示 4 月 26 日 12 时 36 分前，颗粒物浓度自动监测数据（实测值）始终保持在 2.0 mg/m^3 以下，12 时 37 分为 7.56 mg/m^3，12 时 38 分后始终保持在 13 mg/m^3 以上。经调查，确定该公司为逃避监管，干扰自动监测设备而故意粘贴黑色绝缘胶布，并于检查当日 12 时 36 分将其揭除，导致自动监测数据失真。

案例分析：

该公司的上述行为违反了《中华人民共和国环境保护法》第四十二条第四款规定："严禁通过暗管、渗井、渗坑、灌注或者篡改、伪造监测数据，或者不正常运行防治污染设施等逃避监管的方式违法排放污染物。"和《中华人民共和国大气污染防治法》第二十条第二款的规定："禁止通过偷排、篡改或者伪造监测数据、以逃避现场检查为目的的临时停产、非紧急情况下开启应急排放通道、不正常运行大气污染防治设施等逃避监管的方式排放大气污染物。"阜阳市颍东区生态环境分局根据《中华人民共和国大气污染防治法》第九十九条第（三）项的规定："违反本法规定，有下列行为之一的，由县级以上人民政府生态环境主管部门责令改正或者限制生产、停产整治，并处十万元以上一百万元以下的罚款；情节严重的，报经有批准权的人民政府批准，责令停业、关闭：（三）通过逃避监管的方式排放大气污染物的"，责令该公司改正上述环境违法行为、停产整治，并处罚款 10 万元；根据《中华人民共和国环境保护法》第六十三条第（三）项："企业事业单位和其他生产经营者有下列行为之一，尚不构成犯罪的，除依照有关法律法规规定予以处罚外，由县级以上人民政府环境保护主管部门或者其他有关部门将案件移送公安机关，对其直接负责的主管人员和其他直接责任人员，处十日以上十五日以下拘留；情节较轻的，处五日以上十日以下拘留：（三）通过暗管、渗井、渗坑、灌注或者篡改、伪造监测数据，或者不正常运行防治污染设施等逃避监管的方式违法排放污染物的；"和《行政主管部门移送适用行政拘留环境违法案件暂行办法》第六条第（四）项的规定："《环境保护法》第六十三条第三项规定的通过篡改、伪造监测数据等逃避监管的方式违法排放污染物，是指篡改、伪造用于监控、监测污染物排放的手工及自动监测仪器设备的监测数据，包括以下情形：（四）其他致使监测、监控设施不能正常运行的情形。"将该案件移送公安机关，对该公司法定代表人行政拘留 10 日。

造假方式三：未采集真实气样、水样，伪造监测数据。

5.1.4 案例四（案例来源：中国环境报）

河北某能源科技发展有限公司是一家位于河北省邯郸市武安市的焦化企业。工作组前往企业检查时发现，5#、6# 废气排放口的自动监测机房内，自动监测分析仪采样管居然外接一个医用氧气袋。

工作组迅速调取 5#、6# 自动监测机房内视频监控录像。录像显示，工作组检查当天上午有一名头戴红色安全帽的男子在机房内对自动监测设备进行操作。企业联系到该名男子后，经询问得知，因 5#、6# 废气排放口废气处理设施近期故障，无法保证 5#、6# 废气排放口排放的 SO_2 浓度达标。

为了使自动监测设施上 SO_2 浓度稳定达标，该名男子特地去医院买了医用氧气袋，在氧气袋内装入 4# 排放口废气（4# 排放口废气处理设施正常，排放达标），并连接采样管，用 4# 排放口废气代替 5#、6# 排放口废气以达到 5#、6# 自动监测数据稳定达标的目的。经现场对 5#、6# 废气排放口进行监测发现，SO_2 实测值为 295.2 mg/m^3，超过 30 mg/m^3 排放标准限值。

5.1.5 案例五（案例来源：生态环境部官网）

2020 年 7 月 23 日，江苏省徐州市生态环境局对徐州天元纸业有限公司开展专项检查，该公司正在生产，污水处理站正在运行，废水总排口和雨水排放口正在排水。执法人员检查时发现，该公司化学需氧量和总氮自动监测设备分析仪采样管与采样泵后取样管路断开，被分别插入玻璃烧杯和塑料量杯内液体液面以下，采集经清水稀释后的废水固定样进行数据分析并上传至国发污染源自动监测平台（简称国发平台）。经第三方监测单位现场取样监测，该公司污水处理总排口出水化学需氧量浓度为 320 mg/L，超过其排污许可证规定的许可排放浓度限值（化学需氧量 300 mg/L）；雨水排放口出水化学需氧量、悬浮物、总氮均超过《制浆造纸工业水污染物排放标准》（GB 3544—2008）规定的限值。经调查核实，该公司制浆主管为使化学需氧量、总氮的自动监测数据达标，多次伙同该公司污水处理设施维护人员实施了以上造假行为。

案例分析：

该公司上述行为违反了《中华人民共和国水污染防治法》第十条"排放水污染物，不得超过国家或者地方规定的水污染物排放标准和重点水污染物排放总量控制指标。"、第二十三条第一款"实行排污许可管理的企业事业单位和其他生产经营者应当按照国家有关规定和监测规范，对所排放的水污染物自行监测，并保存原始监测记录。重点排污单位还应当安装水污染物排放自动监测设备，与环境保护主管部门的监控设备联网，并保证监测设备正常运行。"和第三十九条"禁止利用渗井、渗坑、裂隙、溶洞，私设暗管，篡改、伪造监测数据，或者不正常运行水污染防治设施等逃避监管的方式排放水污染物。"的规定，徐州市生态环境局根据《中华人民共和国水污染防治法》第八十二条第（二）项的规定："违反本法规定，有下列行为之一的，由县级以上人民政府环境保护主管部门责令限期改正，处二万元以上二十万元以下的罚款；逾期不改正的，责令停产整治：（二）未按照规定安装水污染物排放自动监测设备，未按照规定与环境保护主管部门的监控设备联网，或者未保证监测设备正常运行的；"和第八十三条第（二）、（三）项的规定："违反本法规定，有下列行为之一的，由县级以上人民政府环境保护主管部门责令改正或者责令限制生产、停产整治，并处十万元以上一百万元以下的罚款；情节严重的，报经有批准权的人民政府批准，责令停业、关闭：（二）超过水污染物排放标准或者超过重点水污染物排放总量控制指标排放水污染物的；（三）利用渗井、渗坑、裂隙、溶洞，私设暗管，篡改、伪造监测数据，或者不正常运行水污染防治设施等逃避监管的方式排放水污染物的；"及《江苏省环境保护厅行政处罚自由裁量基准》，责令该公司立即改正违法行为，并处罚款87万元。鉴于该公司行为涉嫌环境污染犯罪，生态环境部门根据《关于办理环境污染刑事案件适用法律若干问题的解释》《行政执法机关移送涉嫌犯罪案件的规定》等将该案件移送公安机关，该公司3名责任人被刑事拘留，现该案件已进入法院审理阶段。

5.1.6 案例六（案例来源：生态环境部官网）

2020年5月8日，江西省抚州市宜黄县生态环境局执法人员通过自动监控数据平台发现宜黄县金丰纸业有限公司自动监测数据异常。现场检查时发现，该公司正在生产，污水处理设施排放口正在排放废水，自动监测设备采样头被插入一个铁桶内，以水管连接自来水龙头将自来水接入铁桶，使自动监测设备抽取铁桶内自来水采样监测。经调查核实，该公司污水处理负责人为防止自动监测数据超标，将自动监测设备采样头移到铁桶内，实施了以上造假行为。

案例分析：

该公司上述行为违反了《中华人民共和国环境保护法》第四十二条第四款和《中华人民共和国水污染防治法》第三十九条的规定，抚州市宜黄县生态环境局根据《中华人民共和国水污染防治法》第八十三条第（三）项的规定和《江西省环境保护行政处罚自由裁量权细化标准》，对该公司处罚款30万元；根据《中华人民共和国环境保护法》第六十三条第（三）项和《行政主管部门移送适用行政拘留环境违法案件暂行办法》第五条的规定，将该案件移送公安机关，对该公司污水处理负责人行政拘留6日。

5.2 软件造假典型案例

造假方式一：违规修改量程等参数，致数采仪等显示数据与分析仪显示测量值不一致。

5.2.1 案例七（案例来源：生态环境部官网）

2019 年 7 月 17 日，安徽省环境监察局联合滁州市环境监察支队、定远县环境监察大队对德轮橡胶股份有限公司进行现场检查时发现，该公司违规将自动监测设备停炉判定条件烟气氧含量下限值调整为 15%（相关标准和设备程序要求该值为 19%）。定远县环境监测站对锅炉水膜除尘池循环液进行采样监测，结果显示 pH 值为 2.77，循环液不符合有关技术指标，达不到脱硫效果。滁州市环境监测站对锅炉烟气进行执法监测，结果显示燃煤锅炉废气出口的二氧化硫瞬时最大浓度为 850 mg/m³，平均浓度为 801 mg/m³，分别超过《锅炉大气污染物排放标准》（GB 13271—2014）规定限值 1.12 倍和 1 倍。7 月 18 日，执法人员再次对该公司进行检查，发现该公司自动监测设备工控机经过人为设置，致使传输至生态环境部门自动监控系统平台的二氧化硫、氮氧化物浓度均低于 1 mg/m³，与实际排放的污染物浓度严重不符。

案例分析：

该公司上述行为违反了《中华人民共和国大气污染防治法》第十八条和第二十条第二款的规定，滁州市定远县生态环境分局根据《中华人民共和国大气污染防治法》第九十九条第（二）项、第（三）项的规定和《安徽省环境保护行政处罚自由裁量权细化标准》，对该公司处罚款 200 万元。鉴于该公司行为涉嫌环境污染犯罪，生态环境部门根据《行政执法机关移送涉嫌犯罪案件的规定》第三条和《环境保护行政执法与刑事司法衔接工作办法》第五条的规定将该案件移送公安机关。检察机关依法对相关责任人员提起公诉，定远县人民法院于 2020 年 12 月 11 日以污染环境罪，判处该公司动力车间主任隋某有期徒刑一年，缓刑二年，并处罚金人民币 15 万元。

5.2.2 案例八（案例来源：生态环境部官网）

2021 年 4 月 7 日，安徽省生态环境保护综合行政执法局、马鞍山市生态环境局对安徽盘景水泥有限公司（以下简称盘景公司）检查时发现，该公司 3 号水泥生产线窑尾烟气自动监测设备工控机显示的二氧化硫和一氧化氮浓度实测值，均低于分析仪显示测量值，而数采仪数据与工控机一致。经查，盘景公司为使上传至生态环境部门自动监控系统平台的污染物浓度达标，违规修改自动监测设备工控机软件量程参数，导致二氧化硫、氮氧化物自动监测数据分别减小了 75%、50%，与实际排放的污染物浓度严重不符。生态环境部门监测结果显示，3 号生产线窑尾二氧化硫排放浓度，超过其排污许可证规定的许可排放浓度限值 1.36 倍。马鞍山市生态环境局责令该公司改正违法行为，并将该案件移送公安机关。目前，该案已移送检察机关审查。

造假方式二：人为修改自动监测设备参数（斜率、截距、折算系数、速度场系数等）或计算公式等，伪造自动监测数据。

5.2.3 案例九（案例来源：生态环境部官网）

2020 年 8 月 14 日，天津市津南区生态环境保护综合行政执法支队根据群众举报线索，对天津中天海盛环保科技有限公司（以下简称中天海盛公司）运营的天津市津南区小站镇黄台工业园区污水处理厂（以下简称黄台污水厂）自动监测设备进行现场检查，发现化学需氧量自动监测设备设置为厂家模式，在该模式下可通过人为修改计算参数，将实际超标的自动监测数据修改为达标。8 月 20 日，津南区执法支队联合天津市总队对黄台污水厂再次进行现场检查发现，自 2019 年 11 月 8 日至 2020 年 8 月 14 日上午，该厂化学需氧量自动监测设备持续存在显示值与实际值不一致的情况。经调查证实，黄台污水厂自动监测设备运维人员周某，违规私自将自动监测设备厂家模式下调整参数的方法透露给该厂厂长赵某。赵某依据该方法多次修改设备参数，致使该厂化学需氧量自动监测数据严重失真。中天海盛公司总经理于某在得知上述情况后不仅未加以制止，还在赵某离职后指使王某继续按上述操作方法篡改、伪造自动监测数据。天津市津南区人民法院于 2021 年 1 月 18 日以破坏计算机信息系统罪，判处于某有期徒刑一年，缓刑二年；判处周某有期徒刑十个月，缓刑一年；判处赵某、王某有期徒刑八个月，缓刑一年。

5.2.4 案例十（案例来源：生态环境部官网）

2018 年 6 月，中央第四环境保护督察组对江苏省开展"回头看"工作期间，发现江苏镇江丹阳龙江钢铁有限公司（以下简称龙江公司）烧结厂废气自动监测数据涉嫌造假。经查，为降低生产成本，逃避环保监管，龙江公司负责生产的副总经理卓某多次授意烧结厂厂长李某、副厂长曹某，要求自动监测设备运维公司南京月半口丁智能科技有限公司技术人员吴某透露系统管理员账户密码、传授篡改方法，指使工人修改烟气自动监控设备斜率和截距值，篡改自动监测数据，导致二氧化硫排放自动监测数据严重失实。

原丹阳市环境保护局对该公司处罚款 100 万元。江苏省江阴市人民法院于 2021 年 1 月 18 日以污染环境罪，判处龙江公司罚金人民币 800 万元；判处卓某有期徒刑二年六个月，并处罚金人民币 12 万元；判处李某、龙江公司环保部门负责人张某有期徒刑二年三个月，并处罚金人民币 10 万元；判处曹某、吴某有期徒刑二年，并处罚金人民币 8 万元。

中华人民共和国国家环境保护标准

HJ 75—2017

代替 HJ／T 75—2007

固定污染源烟气（SO₂、NOx、颗粒物）排放连续监测技术规范

Specifications for continuous emissions monitoring of SO₂, NOx, and

particulate matter in the flue gas emitted from stationary sources

（发布稿）

2017-12-29 发布　　　　　　　　　　2018-03-01 实施

环 境 保 护 部　发 布

目录

前 言

为贯彻《中华人民共和国环境保护法》和《中华人民共和国大气污染防治法》，加强固定污染源烟气排放监测监管，提高固定污染源烟气排放连续监测管理水平，制定本标准。

本标准规定了固定污染源烟气（SO_2、NO_x、颗粒物）排放连续监测系统的组成和功能、技术性能、监测站房、安装、技术指标调试检测、技术验收、日常运行管理、日常运行质量保证，以及数据审核和处理的有关要求。

本标准是对《固定污染源烟气排放连续监测技术规范（试行）》（HJ/T 75—2007）的修订。本标准首次发布于 2001 年，2007 年第一次修订，原起草单位：上海市环境监测中心。

本次为第二次修订。本次修订的主要内容有：

——增加了烟气湿度测试与质控要求；

——简化了方法和监测仪器结构的介绍；

——细化了 CEMS 的安装要求；

——补充完善了调试检测和技术验收的方法、技术要求和相关记录表格；

——细化了运行管理和质量保证及数据审核和处理要求。

本标准的附录 A、附录 C、附录 H 为规范性附录，附录 B、附录 D、附录 E、附录 F、附录 G 为资料性附录。

自本标准实施之日起，《固定污染源烟气排放连续监测技术规范（试行）》（HJ/T 75—2007）废止。

本标准由环境保护部环境监测司和科技标准司组织制订。

本标准起草单位：中国环境监测总站、上海市环境监测中心、湖北省环境监测中心站、河北省环境监测中心站。

本标准环境保护部 2017 年 12 月 29 日批准。

本标准自 2018 年 3 月 1 日起实施。

本标准由环境保护部解释。

固定污染源烟气（SO_2、NO_x、颗粒物）排放连续监测技术规范

1 适用范围

本标准规定了固定污染源烟气排放连续监测系统中的气态污染物（SO_2、NO_x）排放、颗粒物排放和有关烟气参数（含氧量等）连续监测系统的组成和功能、技术性能、监测站房、安装、技术指标调试检测、技术验收、日常运行管理、日常运行质量保证，以及数据审核和处理的有关要求。

本标准适用于以固体、液体为燃料或原料的火电厂锅炉、工业 / 民用锅炉，以及工业炉窑等固定污染源烟气（SO_2、NO_x、颗粒物）排放连续监测系统。

生活垃圾焚烧炉、危险废物焚烧炉及以气体为燃料或原料的固定污染源烟气（SO_2、NO_x、颗粒物）排放连续监测系统可参照本标准执行。

其他烟气污染物排放连续监测系统相应标准未正式颁布实施前，可参照本标准执行。

2 规范性引用文件

本标准内容引用了下列文件或其中的条款。凡是未注明日期的引用文件，其最新版本适用于本标准。

GB 4208　外壳防护等级；

GB 50057　建筑物防雷设计规范；

GB 50093　自动化仪表工程施工及质量验收规范；

GB 50168　电气装置安装工程电缆线路施工及验收规范；

GB/T 16157　固定污染源排气中颗粒物测定与气态污染物采样方法；

HJ 76　固定污染源烟气（SO_2、NO_x、颗粒物）排放连续监测系统技术要求及检测方法；

HJ/T 212　污染源在线自动监控（监测）系统数据传输标准；

HJ/T 397　固定源废气监测技术规范。

3 术语和定义

3.1 烟气排放连续监测 continuous emission monitoring，CEM

对固定污染源排放的颗粒物和（或）气态污染物的排放浓度和排放量进行连续、实时的自动监测，简称 CEM。

3.2 连续监测系统 continuous monitoring system，CMS

连续监测固定污染源烟气参数所需要的全部设备，简称 CMS。

3.3 烟气排放连续监测系统 continuous emission monitoring system，CEMS

连续监测固定污染源颗粒物和（或）气态污染物排放浓度和排放量所需要的全部设备，简称 CEMS。

3.4 CEMS 的正常运行 valid operation of CEMS

符合本标准的技术指标要求，在规定有效期内的运行，但不包括检测器污染、仪器故障、系统校准或系统未经定期校准、定期校验等期间的运行。

3.5 有效数据 valid data

符合本标准的技术指标要求，经验收合格的 CEMS，在固定污染源排放烟气条件下，CEMS 正常运行所测得的数据。

3.6 有效小时均值 valid hourly average

整点 1h 内不少于 45 min 的有效数据的算术平均值。

3.7 参比方法 reference method

用于与 CEMS 测量结果相比较的国家或行业发布的标准方法。

3.8 校验 checkout/verification

用参比方法对 CEMS（含取样系统、分析系统）检测结果进行相对准确度、相关系数、置信区间、允许区间、相对误差、绝对误差等的比对检测过程。

3.9 调试检测 performance testing

CEMS 安装、初调和至少正常连续运行 168 h 后，于技术验收前对 CEMS 进行的校准和校验。

3.10 比对监测 comparision testing

用参比方法对正常运行的 CEMS 的准确度进行抽检。

3.11 系统响应时间 response time

系统响应时间指从 CEMS 系统采样探头通入标准气体的时刻起，到分析仪示值达到标准气体标称值 90% 的时刻止，中间的时间间隔。包括管线传输时间和仪表响应时间。

3.12 零点漂移 zero drift

在仪器未进行维修、保养或调节的前提下，CEMS 按规定的时间运行后通入零点气体，仪器的读数与零点气体初始测量值之间的偏差相对于满量程的百分比。

3.13 量程漂移 span drift

在仪器未进行维修、保养或调节的前提下，CEMS 按规定的时间运行后通入量程校准气体，仪器的读数与量程校准气体初始测量值之间的偏差相对于满量程的百分比。

3.14 相对准确度 relative accuracy

采用参比方法与 CEMS 同步测定烟气中气态污染物浓度，取同时间区间且相同状态的测量结果组成若干数据对，数据对之差的平均值的绝对值与置信系数之和与参比方法测定数据的平均值之比。

3.15 相关校准 correlation calibration

采用参比方法与 CEMS 同步测量烟气中颗粒物浓度，取同时间区间且相同状态的测量结果组成若干数据对，通过建立数据对之间的相关曲线，用参比方法校准颗粒物 CEMS 的过程。

3.16 速度场系数 velocity field coefficient

参比方法与 CEMS 同步测量烟气流速，参比方法测量的烟气平均流速与同时间区间且相同状态的 CEMS 测量的烟气平均流速的比值。

4 固定污染源烟气排放连续监测系统的组成和功能要求

CEMS 由颗粒物监测单元和（或）气态污染物监测单元、烟气参数监测单元、数据采集与处理单元组成。

CEMS 应当实现测量烟气中颗粒物浓度、气态污染物 SO_2 和（或）NO_x 浓度，烟气参数（温度、压力、流速或流量、湿度、含氧量等），同时计算烟气中污染物排放速率和排放量，显示（可支持打印）和记录各种数据和参数，形成相关图表，并通过数据、图文等方式传输至管理部门等功能。输出参数计算应满足附录 C 的要求。

对于氮氧化物监测单元，NO_2 可以直接测量，也可通过转化炉转化为 NO 后一并测量，但不允许只监测烟气中的 NO。NO_2 转换为 NO 的效率应满足 HJ 76 的要求。

5 固定污染源烟气排放连续监测系统技术性能要求

满足 HJ 76 中相关要求。

6 固定污染源烟气排放连续监测系统监测站房要求

6.1 应为室外的 CEMS 提供独立站房，监测站房与采样点之间距离应尽可能近，原则上不超过 70 m。

6.2 监测站房的基础荷载强度应 $\geqslant 2\ 000$ kg/m^2。若站房内仅放置单台机柜，面积应 $\geqslant 2.5 \times 2.5$ m^2。若同一站房放置多套分析仪表的，每增加一台机柜，站房面积应至少增加 3 m^2，便于开展运维操作。站房空间高度应 $\geqslant 2.8$ m，站房建在标高 $\geqslant 0$ m 处。

6.3 监测站房内应安装空调和采暖设备，室内温度应保持在（15 ~ 30）℃，相对湿度应 $\leqslant 60\%$，空调应具有来电自动重启功能，站房内应安装排风扇或其他通风设施。

6.4 监测站房内配电功率能够满足仪表实际要求，功率不少于 8 kW，至少预留三孔插座 5 个、稳压电源 1 个、UPS 电源一个。

6.5 监测站房内应配备不同浓度的有证标准气体，且在有效期内。标准气体应当包含零气（即含二氧化硫、氮氧化物浓度均 $\leqslant 0.1$ μmol/mol 的标准气体，一般为高纯氮气，纯度 $\geqslant 99.999\%$；当测量烟气中二氧化碳时，零气中二氧化碳 $\leqslant 400$ μmol/mol，含有其他气体的浓度不得干扰仪器的读数）和 CEMS 测量的各种气体（SO_2、NO_x、O_2）的量程标气，以满足日常零点、量程校准、校验的需要。低浓度标准气体可由高浓度标准气体通过经校准合格的等比例稀释设备获得（精密度 $\leqslant 1\%$），也可单独配备。

6.6 监测站房应有必要的防水、防潮、隔热、保温措施，在特定场合还应具备防爆功能。

6.7 监测站房应具有能够满足 CEMS 数据传输要求的通信条件。

7 固定污染源烟气排放连续监测系统安装要求

7.1 安装位置要求

7.1.1 一般要求

7.1.1.1 位于固定污染源排放控制设备的下游和比对监测断面上游；

7.1.1.2 不受环境光线和电磁辐射的影响；

7.1.1.3 烟道振动幅度尽可能小；

7.1.1.4 安装位置应尽量避开烟气中水滴和水雾的干扰，如不能避开，应选用能够适用的检测探头及仪器；

7.1.1.5 安装位置不漏风；

7.1.1.6 安装 CEMS 的工作区域应设置一个防水低压配电箱，内设漏电保护器、不少于 2 个 10 A 插座，保证监测设备所需电力；

7.1.1.7 应合理布置采样平台与采样孔；

a）采样或监测平台长度应≥ 2 m，宽度应≥ 2 m 或不小于采样枪长度外延 1 m，周围设置 1.2 m 以上的安全防护栏，有牢固并符合要求的安全措施，便于日常维护（清洁光学镜头、检查和调整光路准直、检测仪器性能和更换部件等）和比对监测。

b）采样或监测平台应易于人员和监测仪器到达，当采样平台设置在离地面高度≥ 2 m 的位置时，应有通往平台的斜梯（或 Z 字梯、旋梯），宽度应≥ 0.9 m；当采样平台设置在离地面高度≥ 20 m 的位置时，应有通往平台的升降梯。

c）当 CEMS 安装在矩形烟道时，若烟道截面的高度＞ 4 m，则不宜在烟道顶层开设参比方法采样孔；若烟道截面的宽度＞ 4 m，则应在烟道两侧开设参比方法采样孔，并设置多层采样平台。

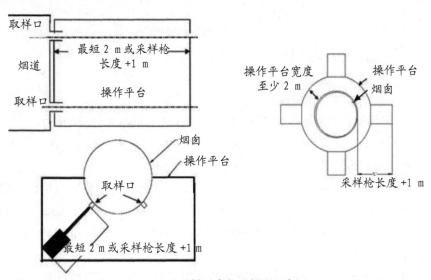

图 1　采样平台与采样孔示意图

d）在 CEMS 监测断面下游应预留参比方法采样孔，采样孔位置和数目按照 GB/T 16157 的要求确定。现有污染源参比方法采样孔内径应 ≥ 80 mm，新建或改建污染源参比方法采样孔内径应 ≥ 90 mm。在互不影响测量的前提下，参比方法采样孔应尽可能靠近 CEMS 监测断面。当烟道为正压烟道或有毒气时，应采用带闸板阀的密封采样孔。

7.1.2 具体要求

7.1.2.1 应优先选择在垂直管段和烟道负压区域，确保所采集样品的代表性。

7.1.2.2 测定位置应避开烟道弯头和断面急剧变化的部位。对于圆形烟道，颗粒物 CEMS 和流速 CMS，应设置在距弯头、阀门、变径管下游方向 ≥ 4 倍烟道直径，以及距上述部件上游方向 ≥ 2 倍烟道直径处；气态污染物 CEMS，应设置在距弯头、阀门、变径管下游方向 ≥ 2 倍烟道直径，以及距上述部件上游方向 ≥ 0.5 倍烟道直径处。对于矩形烟道，应以当量直径计，其当量直径按式（1）计算。

$$D = \frac{2AB}{A+B} \tag{1}$$

式中：D——当量直径；

A、B——边长。

7.1.2.3 对于新建排放源，采样平台应与排气装置同步设计、同步建设，确保采样断面满足本标准 7.1.2.2 的要求；对于现有排放源，当无法找到满足 7.1.2.2 的采样位置时，应尽可能选择在气流稳定的断面安装 CEMS 采样或分析探头，并采取相应措施保证监测断面烟气分布相对均匀，断面无紊流。

对烟气分布均匀程度的判定采用相对均方根 σ_r 法，当 $\sigma_r \leq 0.15$ 时视为烟气分布均匀，σ_r 按式（2）计算。

$$\sigma_r = \sqrt{\frac{\sum_{i=1}^{n}(v_i - \bar{v})^2}{(n-1) \times \bar{v}^2}} \tag{2}$$

式中：σ_r——流速相对均方根；

v_i——测点烟气流速，m/s；

$\bar{v}$——截面烟气平均流速，m/s；

n——截面上的速度测点数目，测点的选择按照 GB/T 16157 执行。

7.1.2.4 为了便于颗粒物和流速参比方法的校验和比对监测，CEMS 不宜安装在烟道内烟气流速 < 5 m/s 的位置。

7.1.2.5 若一个固定污染源排气先通过多个烟道或管道后进入该固定污染源的总排气管时，应尽可能将 CEMS 安装在总排气管上，但要便于用参比方法校验 CEMS；不得只在其中的一个烟道或管道上安装 CEMS，并将测定值作为该源的排放结果；但允许在每个烟道或管道上安装 CEMS。

7.1.2.6 固定污染源烟气净化设备设置有旁路烟道时，应在旁路烟道内安装 CEMS 或烟温、流量 CMS。其安装、运行、维护、数据采集、记录和上传应符合本标准要求。

7.2 安装施工要求

7.2.1 CEMS 安装施工应符合 GB 50093、GB 50168 的规定。

7.2.2 施工单位应熟悉 CEMS 的原理、结构、性能，编制施工方案、施工技术流程图、设备技术文件、设计图样、监测设备及配件货物清单交接明细表、施工安全细则等有关文件。

7.2.3 设备技术文件应包括资料清单、产品合格证、机械结构、电气、仪表安装的技术说明书、装箱清单、配套件、外购件检验合格证和使用说明书等。

7.2.4 设计图样应符合技术制图、机械制图、电气制图、建筑结构制图等标准的规定。

7.2.5 设备安装前的清理、检查及保养应符合以下要求。

a）按交货清单和安装图样明细表清点检查设备及零部件，缺损件应及时处理，更换补齐。

b）运转部件如：取样泵、压缩机、监测仪器等，滑动部位均需清洗、注油润滑防护。

c）因运输造成变形的仪器、设备的结构件应校正，并重新涂刷防锈漆及表面油漆，保养完毕后应恢复原标记。

7.2.6 现场端连接材料（垫片、螺母、螺栓、短管、法兰等）为焊件组对成焊时，壁（板）的错边量应符合以下要求：

a）管子或管件对口、内壁齐平，最大错边量 ≥ 1 mm；

b）采样孔的法兰与连接法兰几何尺寸极限偏差不超过 ±5 mm，法兰端面的垂直度极限偏差 ≤ 0.2%；

c）采用透射法原理颗粒物监测仪器发射单元和颗粒物监测仪反射单元，测量光束从发射孔的中心出射到对面中心线相叠合的极限偏差 ≤ 0.2%。

7.2.7 从探头到分析仪的整条采样管线的铺设应采用桥架或穿管等方式，保证整条管线具有良好的支撑。管线倾斜度 ≥ 5°，防止管线内积水，在每隔 4 ~ 5 m 处装线卡箍。当使用伴热管线时应具备稳定、均匀加热和保温的功能；其设置加热温度 ≥ 120 ℃，且应高于烟气露点温度 10 ℃ 以上，其实际温度值应能够在机柜或系统软件中显示查询。

7.2.8 电缆桥架安装应满足最大直径电缆的最小弯曲半径要求。电缆桥架的连接应采用连接片。配电套管应采用钢管和 PVC 管材质配线管，其弯曲半径应满足最小弯曲半径要求。

7.2.9 应将动力与信号电缆分开敷设，保证电缆通路及电缆保护管的密封，自控电缆应符合输入和输出分开、数字信号和模拟信号分开的配线和敷设的要求。

7.2.10 安装精度和连接部件坐标尺寸应符合技术文件和图样规定。监测站房仪器应排列整齐，监测仪器顶平直度和平面度应不大于 5 mm，监测仪器牢固固定，可靠接地。二次接线正确、牢固可靠，配导线的端部应标明回路编号。配线工艺整齐，绑扎牢固，绝缘性好。

7.2.11 各连接管路、法兰、阀门封口垫圈应牢固完整，均不得有漏气、漏水现象。保持所有管路畅通，保证气路阀门、排水系统安装后应畅通和启闭灵活。自动监测系统空载运行 24 h 后，管路不得出现脱落、渗漏、振动强烈现象。

7.2.12 反吹气应为干燥清洁气体，反吹系统应进行耐压强度试验，试验压力为常用工作压力的1.5倍。

7.2.13 电气控制和电气负载设备的外壳防护应符合 GB 420 8 的技术要求，户内达到防护等级 IP 24 级，户外达到防护等级 IP 54 级。

7.2.14 防雷、绝缘要求

a）系统仪器设备的工作电源应有良好的接地措施，接地电缆应采用大于 4 mm² 的独芯护套电缆，接地电阻小于 4 Ω，且不能和避雷接地线共用。

b）平台、监测站房、交流电源设备、机柜、仪表和设备金属外壳、管缆屏蔽层和套管的防雷接地，可利用厂内区域保护接地网，采用多点接地方式。厂区内不能提供接地线或提供的接地线达不到要求的，应在子站附近重做接地装置。

c）监测站房的防雷系统应符合 GB 50057 的规定。电源线和信号线设防雷装置。

d）电源线、信号线与避雷线的平行净距离 ≥ 1 m，交叉净距离 ≥ 0.3 m（见图2）。

e）由烟囱或主烟道上数据柜引出的数据信号线要经过避雷器引入监测站房，应将避雷器接地端同站房保护地线可靠连接。

f）信号线为屏蔽电缆线，屏蔽层应有良好绝缘，不可与机架、柜体发生摩擦、打火，屏蔽层两端及中间均需做接地连接（见图3）。

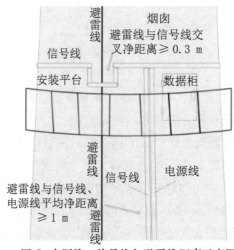

图2 电源线、信号线与避雷线距离示意图

图3 信号线接地示意图

8 固定污染源烟气排放连续监测系统技术指标调试检测

CEMS 在现场安装运行以后，在接受验收前，应进行技术性能指标的调试检测。调试检测的技术指标包括：

a）颗粒物 CEMS 零点漂移、量程漂移；

b）颗粒物 CEMS 线性相关系数、置信区间、允许区间；

c）气态污染物 CEMS 和氧气 CMS 零点漂移、量程漂移；

d）气态污染物 CEMS 和氧气 CMS 示值误差；

e）气态污染物 CEMS 和氧气 CMS 系统响应时间；

f）气态污染物 CEMS 和氧气 CMS 准确度；

g）流速 CMS 速度场系数；

h）流速 CMS 速度场系数精密度；

i）温度 CMS 准确度；

j）湿度 CMS 准确度。

各技术指标的调试检测方法按附录 A 进行，调试检测结果不满足本标准技术指标要求时按附录 B 处理，调试检测数据可参照附录 D 格式记录，调试检测完成后编制调试检测报告，报告的格式可参照附录 E，调试检测结果应达到表 A.3 的要求。

9 固定污染源烟气排放连续监测系统技术验收

9.1 总体要求

CEMS 在完成安装、调试检测并和主管部门联网后，应进行技术验收，包括 CEMS 技术指标验收和联网验收。

9.2 技术验收条件

CEMS 在完成安装、调试检测并符合下列要求后，可组织实施技术验收工作。

a）CEMS 的安装位置及手工采样位置应符合本标准第 7 章的要求。

b）数据采集和传输以及通信协议均应符合 HJ/T 212 的要求，并提供一个月内数据采集和传输自检报告，报告应对数据传输标准的各项内容作出响应。

c）根据本标准第 8 章的要求进行了 72 h 的调试检测，并提供调试检测合格报告及调试检测结果数据。

d）调试检测后至少稳定运行 7 d。

9.3 CEMS 技术指标验收

9.3.1 一般要求

9.3.1.1 CEMS 技术指标验收包括颗粒物 CEMS、气态污染物 CEMS、烟气参数 CMS 技术指标验收。

9.3.1.2 验收时间由排污单位与验收单位协商决定。

9.3.1.3 现场验收期间，生产设备应正常且稳定运行，可通过调节固定污染源烟气净化设备达到某一排放状况，该状况在测试期间应保持稳定。

9.3.1.4 日常运行中更换 CEMS 分析仪表或变动 CEMS 取样点位时，应分别满足 7.1、7.2 的要求，并进行再次验收。

9.3.1.5 现场验收时必须采用有证标准物质或标准样品，较低浓度的标准气体可以使用高浓度的标准气体采用等比例稀释方法获得，等比例稀释装置的精密度在 1% 以内。标准气体要求贮存在铝或不锈钢瓶中，不确定度不超过 ±2%。

9.3.1.6 对于光学法颗粒物 CEMS，校准时须对实际测量光路进行全光路校准，确保发射光先经过出射镜片，再经过实际测量光路，到校准镜片后，再经过入射镜片到达接受单元，不得只对激光发射器和接收器进行校准。对于抽取式气态污染物 CEMS，当对全系统进行零点校准和量程校准、示值误差和系统响应时间的检测时，零气和标准气体应通过预设管线输送至采样探头处，经由样品传输管线回到站房，经过全套预处理设施后进入气体分析仪。

9.3.1.7 验收前检查直接抽取式气态污染物采样伴热管的设置，应符合 7.2.7 的规定。冷干法 CEMS 冷凝器的设置和实际控制温度应保持在 2 ~ 6 ℃。

9.3.2 颗粒物 CEMS 技术指标验收

9.3.2.1 验收内容

颗粒物 CEMS 技术指标验收包括颗粒物的零点漂移、量程漂移和准确度验收。

9.3.2.2 颗粒物 CEMS 零点漂移、量程漂移

在验收开始时，人工或自动校准仪器零点和量程，测定和记录初始的零点、量程读数，待颗粒物 CEMS 准确度验收结束，且至少距离初始零点、量程测定 6 h 后再次测定（人工或自动）和记录一次零点、量程读数，随后校准零点和量程。按附录 A 公式（A1）~ 公式（A4）计算零点漂移、量程漂移。

9.3.2.3 颗粒物 CEMS 准确度

采用参比方法与 CEMS 同步测量测试断面烟气中颗粒物平均浓度，至少获取 5 对同时间区间且相同状态的测量结果，按以下方法计算颗粒物 CEMS 准确度：

绝对误差：$\overline{d}_i = \dfrac{1}{n}\sum_{i=1}^{n}(C_{\text{CEMS}} - C_i)$ （3）

相对误差：$R_e = \dfrac{\overline{d}_i}{C_i} \times 100\%$ （4）

式中：$\overline{d}_i$——绝对误差，mg/m^3；

n——测定次数（$\geqslant 5$）；

C_i——参比方法测定的第 i 个浓度，mg/m^3；

C_{CEMS}——CEMS 与参比方法同时段测定的浓度，mg/m^3；

R_e——相对误差，%。

9.3.3 气态污染物 CEMS 和氧气 CMS 技术指标验收

9.3.3.1 验收内容

气态污染物 CEMS 和氧气 CMS 技术指标验收包括零点漂移、量程漂移、示值误差、系统响应时间和准确度验收。现场验收时，先做示值误差和系统响应时间的验收测试，不符合技术要求的，可不再继续开展其余项目验收。

注：通入零气和标气时，均应通过 CEMS 系统，不得直接通入气体分析仪。

9.3.3.2 气态污染物 CEMS 和氧气 CMS 示值误差、系统响应时间

（a）示值误差：

①通入零气（经过滤的不含颗粒物、待测气体的清洁干空气或高纯氮气），调节仪器零点。

②通入高浓度（80% ~ 100% 的满量程值）标准气体，调整仪器显示浓度值与标准气体浓度值一致。

③仪器经上述校准后，按照零气、高浓度标准气体、零气、中浓度（50% ~ 60% 的满量程值）标准气体、零气、低浓度（20% ~ 30% 的满量程值）标准气体的顺序通入标准气体。若低浓度标准气体浓度高于排放限值，则还需通入浓度低于排放限值的标准气体，完成超低排放改造后的火电污染源还应通入浓度低于超低排放水平的标准气体。待显示浓度值稳定后读取测定结果。重复测定 3 次，取平均值。按附录 A 公式（A19）、（A20）计算示值误差。

（b）系统响应时间：

①待测 CEMS 运行稳定后，按照系统设定采样流量通入零点气体，待读数稳定后按照相同流量通入量程校准气体，同时用秒表开始计时；

②观察分析仪示值，至读数开始跃变止，记录并计算样气管路传输时间 T_1；

③继续观察并记录待测分析仪器显示值上升至标准气体浓度标称值 90% 时的仪表响应时间 T_2；

④系统响应时间为和之 T_1 和 T_2。重复测定 3 次，取平均值。

9.3.3.3 气态污染物 CEMS 和氧气 CMS 零点漂移、量程漂移

a）零点漂移：

系统通入零气（经过滤的不含颗粒物、待测气体的清洁干空气或高纯氮气），校准仪器至零点，测试并记录初始读数 Z_0。待气态污染物和氧气准确度验收结束，且至少距初始测试 6 h 后，再通入零气，待读数稳定后记录零点读数 Z_1。按附录 A 公式（A1）和（A2）计算零点漂移 Z_d。

b）量程漂移：

系统通入高浓度（80% ~ 100% 的满量程）标准气体，校准仪器至该标准气体的浓度值，测试并记录初始读数 S_0。待气态污染物和氧气准确度验收结束，且至少距初始测试 6 h 后，再通入同一标准气体，待读数稳定后记录标准气体读数 S_1。按附录 A 公式（A3）和（A4）计算量程漂移 S_d。

9.3.3.4 气态污染物 CEMS 和氧气 CMS 准确度

参比方法与 CEMS 同步测量烟气中气态污染物和氧气浓度，至少获取 9 个数据对，每个数据对取 5~15 min 均值。绝对误差按公式（3）计算，相对误差按公式（4）计算，相对准确度按附录 A 公式（A21）~公式（A26）计算。

9.3.4 烟气参数 CMS 技术指标验收

9.3.4.1 验收内容

烟气参数指标验收包括流速、烟温、湿度准确度验收。

采用参比方法与流速、烟温、湿度 CMS 同步测量，至少获取 5 个同时段测试断面值数据对，分别计算流速、烟温、湿度 CMS 准确度。

9.3.4.2 流速准确度

烟气流速准确度计算方法如下：

绝对误差：
$$\overline{d_{vi}} = \frac{1}{n}\sum_{i=1}^{n}(V_{CEMS} - V_i) \tag{5}$$

相对误差：
$$R_{ev} = \frac{\overline{d_{vi}}}{V_i} \times 100\% \tag{6}$$

式中：$\overline{d_{vi}}$——流速绝对误差，m/s；

    n——测定次数（≥5）；

    V_{CEMS}——流速 CMS 与参比方法同时段测定的烟气平均流速，m/s；

    V_i——参比方法测定的测试断面的烟气平均流速，m/s；

    R_{ev}——流速相对误差，%。

9.3.4.3 烟温准确度

烟温绝对误差计算方法：

$$\Delta T = \frac{1}{n}\left(\sum_{i=1}^{n} T_{CEMS} - T_i\right) \tag{7}$$

式中：ΔT——烟温绝对误差，℃；

    n——测定次数（≥5）；

    T_{CEMS}——烟温 CMS 与参比方法同时段测定的平均烟温，℃；

    T——参比方法测定的平均烟温，℃；（可与颗粒物参比方法测定同时进行）。

9.3.4.4 湿度准确度

湿度准确度计算方法如下：

绝对误差：
$$\Delta X_{sw} = \frac{1}{n}\sum_{i=1}^{n}(X_{SWCMS} - X_{swi}) \tag{8}$$

相对误差：
$$R_{es} = \frac{\Delta X_{sw}}{X_{swi}} \times 100\% \tag{9}$$

式中：ΔX_{sw}——烟气湿度绝对误差，%；

    n—测定次数（≥5）；

    X_{SWCMS}——烟气湿度 CMS 与参比方法同时段测定的平均烟气湿度，%；

    $\overline{X_{swi}}$——参比方法测定的平均烟气湿度，%；

    R_{es}——烟气湿度相对误差，%。

9.3.4.5 验收测试结果可参照附录D中的表D.1、表D.3～表D.5和表D.8表格形式记录。

9.3.5 技术指标验收测试报告格式

报告应包括以下信息（可参照附录F）：

a）报告的标识–编号；

b）检测日期和编制报告的日期；

c）CEMS标识–制造单位、型号和系列编号；

d）安装CEMS的企业名称和安装位置所在的相关污染源名称；

e）环境条件记录情况（大气压力、环境温度、环境湿度）；

f）示值误差、系统响应时间、零点漂移和量程漂移验收引用的标准；

g）准确度验收引用的标准；

h）所用可溯源到国家标准的标准气体；

i）参比方法所用的主要设备、仪器等；

j）检测结果和结论；

k）测试单位；

l）三级审核签字；

m）备注（技术验收单位认为与评估CEMS的性能相关的其他信息）。

9.3.6 示值误差、系统响应时间、零点漂移和量程漂移验收技术要求

表1 示值误差、系统响应时间、零点漂移和量程漂移验收技术要求

检测项目			技术要求
气态污染物 CEMS	二氧化硫	示值误差	当满量程 ≥ 100 μmol/mol（286 mg/m³）时，示值误差不超过 ±5%（相对于标准气体标称值）；当满量程 < 100 μmol/mol（286 mg/m³）时，示值误差不超过 ±2.5%（相对于仪表满量程值）
		系统响应时间	≤ 200 s
		零点漂移、量程漂移	不超过 ±2.5%
	氮氧化物	示值误差	当满量程 ≥ 200 μmol/mol（410 mg/m³）时，示值误差不超过 ±5%（相对于标准气体标称值）；当满量程 < 200 μmol/mol（410 mg/m³）时，示值误差不超过 ±2.5%（相对于仪表满量程值）
		系统响应时间	≤ 200 s
		零点漂移、量程漂移	不超过 ±2.5%
氧气 CMS	O₂	示值误差	±5%（相对于标准气体标称值）
		系统响应时间	≤ 200 s
		零点漂移、量程漂移	不超过 ±2.5%
颗粒物 CEMS	颗粒物	零点漂移、量程漂移	不超过 ±2.0%
注：氮氧化物以 NO₂ 计。			

9.3.7 准确度验收技术要求

表 2　准确度验收技术要求

检测项目			技术要求
气态污染物 CEMS	二氧化硫	准确度	排放浓度 ≥ 250 μmol/mol（715 mg/m³）时，相对准确度 ≤ 15%
			50 μmol/mol 143 mg/m³ ≤排放浓度 < 250 μmol/mol（715 mg/m³）时，绝对误差不超过 ±20 μmol/mol（57 mg/m³）
			20 μmol/mol（57 mg/m³）≤排放浓度 < 50 μmol/mol（143 mg/m³）时，相对误差不超过 ±30%
			排放浓度 < 20 μmol/mol（57mg/m³）时，绝对误差不超过 ±6 μmol/mol（17 mg/m³）
	氮氧化物	准确度	排放浓度 ≥ 250 μmol/mol（513 mg/m³）时，相对准确度 ≤ 15%
			50 μmol/mol（103 mg/m³）≤排放浓度 < 250 μmol/mol（513 mg/m³）时，绝对误差不超过 ±20 μmol/mol（41 mg/m³）
			20 μmol/mol（41 mg/m³）≤排放浓度 < 50 μmol/mol（103 mg/m³）时，相对误差不超过 ±30%
			排放浓度 < 20 μmol/mol（41 mg/m³）时，绝对误差不超过 ±6 μmol/mol（12 mg/m³）
	其他气态污染物	准确度	相对准确度 ≤ 15%
氧气 CMS	O_2	准确度	> 5.0% 时，相对准确度 ≤ 15%
			≤ 5.0% 时，绝对误差不超过 ±1.0%
颗粒物 CEMS	颗粒物	准确度	排放浓度 > 200 mg/m³ 时，相对误差不超过 ±15%
			100 mg/m³ <放浓度 ≤ 200 mg/m³ 时，相对误差不超过 ±20%
			50 mg/m³ <放浓度 ≤ 100 mg/m³ 时，相对误差不超过 ±25%
			20 mg/m³ <排放浓度 ≤ 50 mg/m³ 时，相对误差不超过 ±30%
			10 mg/m³ <排放浓度 ≤ 20 mg/m³ 时，绝对误差不超过 ±6 mg/m³
			排放浓度 ≤ 10 mg/m³，绝对误差不超过 ±5 mg/m³
流速 CMS	流速	准确度	流速 > 10 m/s 时，相对误差不超过 ±10%
			流速 ≤ 10 m/s 时，相对误差不超过 ±12%
温度 CMS	温度	准确度	绝对误差不超过 ±3 ℃
湿度 CMS	湿度	准确度	烟气湿度 > 5.0% 时，相对误差不超过 ±25%
			烟气湿度 ≤ 5.0% 时，绝对误差不超过 ±1.5%

注：氮氧化物以 NO_2 计，以上各参数区间划分以参比方法测量结果为准。

9.4 联网验收

9.4.1 联网验收内容

联网验收由通信及数据传输验收、现场数据比对验收和联网稳定性验收三部分组成。

9.4.2 通信及数据传输验收

按照 HJ/T 212 的规定检查通信协议的正确性。数据采集和处理子系统与监控中心之间的通信应稳定，不出现经常性的通信连接中断、报文丢失、报文不完整等通信问题。为保证监测数据在公共数据网上传输的安全性，所采用的数据采集和处理子系统应进行加密传输。监测数据在向监控系统传输的过程中，应由数据采集和处理子系统直接传输。

9.4.3 现场数据比对验收

数据采集和处理子系统稳定运行一个星期后，对数据进行抽样检查，对比上位机接收到的数据和现场机存储的数据是否一致，精确至一位小数。

9.4.4 联网稳定性验收

在连续一个月内，子系统能稳定运行，不出现除通信稳定性、通信协议正确性、数据传输正确性以外的其他联网问题。

9.4.5 联网验收技术指标要求

表3 联网验收技术指标要求

验收检测项目	考核指标
通信稳定性	1. 现场机在线率为 95% 以上； 2. 正常情况下，掉线后，应在 5 min 之内重新上线； 3. 单台数据采集传输仪每日掉线次数在 3 次以内； 4. 报文传输稳定性在 99% 以上，当出现报文错误或丢失时，启动纠错逻辑，要求数据采集传输仪重新发送报文
数据传输安全性	1. 对所传输的数据应按照 HJ/T 212 中规定的加密方法进行加密处理传输，保证数据传输的安全性。 2. 服务器端对请求连接的客户端进行身份验证
通信协议正确性	现场机和上位机的通信协议应符合 HJ/T 212 的规定，正确率100%
数据传输正确性	系统稳定运行一星期后，对一星期的数据进行检查，对比接收的数据和现场的数据一致，精确至一位小数，抽查数据正确率100%
联网稳定性	系统稳定运行一个月，不出现除通信稳定性、通信协议正确性、数据传输正确性以外的其他联网问题

10 固定污染源烟气排放连续监测系统日常运行管理要求

10.1 总体要求

CEMS 运维单位应根据 CEMS 使用说明书和本标准的要求编制仪器运行管理规程，确定系统运行操作人员和管理维护人员的工作职责。运维人员应当熟练掌握烟气排放连续监测仪器设备的原理、使用和维护方法。

10.2 日常巡检

CEMS 运维单位应根据本标准和仪器使用说明中的相关要求制订巡检规程，并严格按照规程开展日常巡检工作并做好记录。日常巡检记录应包括检查项目、检查日期、被检项目的运行状态等内容，每次巡检应记录并归档。CEMS日常巡检时间间隔不超过7 d。

日常巡检可参照按附录G中的表G.1～表G.3表格形式记录。

10.3 日常维护保养

应根据CEMS说明书的要求对CEMS系统保养内容、保养周期或耗材更换周期等做出明确规定，每次保养情况应记录并归档。每次进行备件或材料更换时，更换的备件或材料的品名、规格、数量等应记录并归档。如更换有证标准物质或标准样品，还需记录新标准物质或标准样品的来源、有效期和浓度等信息。对日常巡检或维护保养中发现的故障或问题，系统管理维护人员应及时处理并记录。

CEMS日常运行管理参照附录G中的格式记录。

10.4 CEMS的校准和校验

应根据本标准中规定的方法和第11章质量保证规定的周期制订CEMS系统的日常校准和校验操作规程。校准和校验记录应及时归档。

11 固定污染源烟气排放连续监测系统日常运行质量保证要求

11.1 一般要求

CEMS日常运行质量保证是保障CEMS正常稳定运行、持续提供有质量保证监测数据的必要手段。当CEMS不能满足技术指标而失控时，应及时采取纠正措施，并应缩短下一次校准、维护和校验的间隔时间。

11.2 定期校准

CEMS运行过程中的定期校准是质量保证中的一项重要工作，定期校准应做到：

a）具有自动校准功能的颗粒物CEMS和气态污染物CEMS每24 h至少自动校准一次仪器零点和量程，同时测试并记录零点漂移和量程漂移；

b）无自动校准功能的颗粒物CEMS每15 d至少校准一次仪器的零点和量程，同时测试并记录零点漂移和量程漂移；

c）无自动校准功能的直接测量法气态污染物CEMS每15 d至少校准一次仪器的零点和量程，同时测试并记录零点漂移和量程漂移；

d）无自动校准功能的抽取式气态污染物CEMS每7 d至少校准一次仪器零点和量程，同时测试并记录零点漂移和量程漂移；

e）抽取式气态污染物CEMS每3个月至少进行一次全系统的校准，要求零气和标准气体从监测站房发出，经采样探头末端与样品气体通过的路径（应包括采样管路、过滤器、洗涤器、调节器、分析仪表等）一致，进行零点和量程漂移、示值误差和系统响应时间的检测。

f）具有自动校准功能的流速CMS每24 h至少进行一次零点校准，无自动校准功能的流速CMS每30 d至少进行一次零点校准；

g）校准技术指标应满足表4要求。定期校准记录按附录G中的表G.4表格形式记录。

11.3 定期维护

CEMS 运行过程中的定期维护是日常巡检的一项重要工作，维护频次按照附表 G.1~ 表 G.3 说明的进行，定期维护应做到：

a）污染源停运到开始生产前应及时到现场清洁光学镜面；

b）定期清洗隔离烟气与光学探头的玻璃视窗，检查仪器光路的准直情况；定期对清吹空气保护装置进行维护，检查空气压缩机或鼓风机、软管、过滤器等部件；

c）定期检查气态污染物 CEMS 的过滤器、采样探头和管路的结灰和冷凝水情况、气体冷却部件、转换器、泵膜老化状态；

d）定期检查流速探头的积灰和腐蚀情况、反吹泵和管路的工作状态；

e）定期维护记录，按附录 G 中的表 G.1 ~ 表 G.3 表格形式记录。

11.4 定期校验

CEMS 投入使用后，燃料、除尘效率的变化、水分的影响、安装点的振动等都会对测量结果的准确性产生影响。定期校验应做到：

a）有自动校准功能的测试单元每 6 个月至少做一次校验，没有自动校准功能的测试单元每 3 个月至少做一次校验；校验用参比方法和 CEMS 同时段数据进行比对，按本标准 9.3 进行；

b）校验结果应符合表 4 要求，不符合时，则应扩展为对颗粒物 CEMS 的相关系数的校正或 / 和评估气态污染物 CEMS 的准确度或 / 和流速 CMS 的速度场系数（或相关性）的校正，直到 CEMS 达到本标准 9.3.8 要求，方法见本标准附录 A；

c）定期校验记录按附录 G 中的表 G.5 表格形式记录。

11.5 常见故障分析及排除

当 CEMS 发生故障时，系统管理维护人员应及时处理并记录。设备维修记录见附录 G 中的表 G.6。维修处理过程中，要注意以下几点：

a）CEMS 需要停用、拆除或者更换的，应当事先报经主管部门批准。

b）运行单位发现故障或接到故障通知，应在 4 h 内赶到现场进行处理。

c）对于一些容易诊断的故障，如电磁阀控制失灵、膜裂损、气路堵塞、数据采集仪死机等，可携带工具或者备件到现场进行针对性维修，此类故障维修时间不应超过 8 h。

d）仪器经过维修后，在正常使用和运行之前应确保维修内容全部完成，性能通过检测程序，按本标准对仪器进行校准检查。若监测仪器进行了更换，在正常使用和运行之前应对系统进行重新调试和验收。

e）若数据存储 / 控制仪发生故障，应在 12 h 内修复或更换，并保证已采集的数据不丢失。

f）监测设备因故障不能正常采集、传输数据时，应及时向主管部门报告，缺失数据按 12.2.2 进行处理。

11.6 CEMS 定期校准校验技术指标要求及数据失控时段的判别与修约

11.6.1 CEMS 在定期校准、校验期间的技术指标要求及数据失控时段的判别标准见表4。

表 4 CEMS 定期校准校验技术指标要求及数据失控时段的判别

项目	CEMS 类型		校准功能	校准周期	技术指标	技术指标要求	失控指标	最少样品数（对）
定期校准	颗粒物 CEMS 手动		自动	24 h	零点漂移	不超过 ±2.0%	超过 ±8.0%	—
					量程漂移	不超过 ±2.0%	超过 ±8.0%	
			手动	15 d	零点漂移	不超过 ±2.0%	超过 ±8.0%	
					量程漂移	不超过 ±2.0%	超过 ±8.0%	
	气态污染物 CEMS	抽取测量或直接测量	自动	24 h	零点漂移	不超过 ±2.5%	超过 ±5.0%	
					量程漂移	不超过 ±2.5%	超过 ±10.0%	
		抽取测量	手动	7 d	零点漂移	不超过 ±2.5%	超过 ±5.0%	
					量程漂移	不超过 ±2.5%	超过 ±10.0%	
		直接测量	手动	15 d	零点漂移	不超过 ±2.5%	超过 ±5.0%	
					量程漂移	不超过 ±2.5%	超过 ±10.0%	
	流速 CMS		自动	24 h	零点漂移或绝对误差	零点漂移不超过 ±3.0% 或绝对误差不超过 ±0.9 m/s	零点漂移超过 ±8.0% 且绝对误差超过 ±1.8 m/s	—
			手动	30 d	零点漂移或绝对误差	零点漂移不超过 ±3.0% 或绝对误差不超过 ±0.9 m/s	零点漂移超过 ±8.0% 且绝对误差超过 ±1.8 m/s	—
定期校验	颗粒物 CEMS		3 个月或 6 个月		准确度	满足本标准 9.3.8	超过本标准 9.3.8 规定范围	5
	气态污染物 CEMS							9
	流速 CMS							5

11.6.2 当发现任一参数不满足技术指标要求时，应及时按照本规范及仪器说明书等的相关要求，采取校准、调试乃至更换设备重新验收等纠正措施直至满足技术指标要求为止。当发现任一参数数据失控时，应记录失控时段（即从发现失控数据起到满足技术指标要求后止的时间段）及失控参数，并按本标准 12.2.3 进行数据修约。

11.7 CEMS 技术指标抽检

主管部门按本标准 9.3 对部分或全部 CEMS 技术指标抽检时，检测结果应符合本标准 9.3.7 和 9.3.8。对 CEMS 技术指标进行抽检时，可不对 CEMS 仪表的零点和量程进行校准。

用参比方法开展 CEMS 准确度抽检（即比对监测）时，相比本标准 9.3，监测样品数量可相应减少，颗粒物、流速、烟温、湿度至少获取 3 个平均值数据对，气态污染物和氧量至少获取 6 个数据对。

12 固定污染源烟气排放连续监测系统数据审核和处理

12.1 CEMS 数据审核

12.1.1 固定污染源生产状况下，经验收合格的 CEMS 正常运行时段为 CEMS 数据有效时间段。CEMS 非正常运行时段（如 CEMS 故障期间、维修期间、超本标准 11.2 期限未校准时段、失控时段，以及有计划的维护保养、校准等时段）均为 CEMS 数据无效时间段。

12.1.2 污染源计划停运一个季度以内的，不得停运 CEMS，日常巡检和维护要求仍按本标准第 10、11 章执行；计划停运超过一个季度的，可停运 CEMS，但应报当地环保部门备案。污染源启运前，应提前启运 CEMS 系统，并进行校准，在污染源启运后的两周内进行校验，满足本标准表 4 技术指标要求的，视为启运期间自动监测数据有效。

12.1.3 排污单位应在每个季度前五个工作日对上个季度的 CEMS 数据进行审核，确认上季度所有分钟、小时数据均按照附录 H 的要求正确标记，计算本季度的污染源 CEMS 有效数据捕集率。上传至监控平台的污染源 CEMS 季度有效数据捕集率应达到 75%。

注：季度有效数据捕集率（%）=（季度小时数 – 数据无效时段小时数 – 污染源停运时段小时数）/（季度小时数 – 污染源停运时段小时数）。

12.2 CEMS 数据无效时间段数据处理

12.2.1 CEMS 故障期间、维修时段数据按照本标准 12.2.2 处理，超期未校准、失控时段数据按照本标准 12.2.3 处理，有计划（质量保证 / 质量控制）的维护保养、校准等时段数据按照本标准 12.2.4 处理。

12.2.2 CEMS 因发生故障需停机进行维修时，其维修期间的数据替代按本标准 12.2.4 处理；亦可以用参比方法监测的数据替代，频次不低于一天一次，直至 CEMS 技术指标调试到符合本标准 9.3.7 和 9.3.8 时为止。如使用参比方法监测的数据替代，则监测过程应按照 GB/T 16157 和 HJ/T 397 要求进行，替代数据包括污染物浓度、烟气参数和污染物排放量。

12.2.3 CEMS 系统数据失控时段污染物排放量按照表 5 进行修约，污染物浓度和烟气参数不修约。CEMS 系统超期未校准的时段视为数据失控时段，污染物排放量按照表 5 进行修约，污染物浓度和烟气参数不修约。

表 5 失控时段的数据处理方法

季度有效数据捕集率 a	连续无效小时数 N / h	修约参数	选取值
$a \geqslant 90\%$	$N \leqslant 24$	二氧化硫、氮氧化物、颗粒物的排放量	失效前 180 个有效小时排放量最大值
	$N > 24$		失效前 720 个有效小时排放量最大值
$75\% \leqslant a < 90\%$	—		失效前 2 160 个有效小时排放量最大值

12.2.4 CEMS 系统有计划（质量保证 / 质量控制）的维护保养、校准及其他异常导致的数据无效时段，该时段污染物排放量按照表 6 处理，污染物浓度和烟气参数不修约。

表 6 维护期间和其他异常导致的数据无效时段的处理方法

季度有效数据捕集率 a	连续无效小时数 N / h	修约参数	选取值
$a \geqslant 90\%$	$N \leqslant 24$	二氧化硫、氮氧化物、颗粒物的排放量	失效前 180 个有效小时排放量最大值
	$N > 24$		失效前 720 个有效小时排放量最大值
$75\% \leqslant a < 90\%$	—		失效前 2 160 个有效小时排放量最大值

12.3 数据记录与报表

12.3.1 记录

按本标准附录 D 的表格形式记录监测结果。

12.3.2 报表

按本标准附录 D（表 D.9、表 D.10、表 D.11、表 D.12）的表格形式定期将 CEMS 监测数据上报，报表中应给出最大值、最小值、平均值、排放累计量，以及参与统计的样本数。

说明：附录部分常用自动监测技术规范所属的子附录部分，请读者根据需要自行查阅相关资料。

中华人民共和国国家环境保护标准

HJ 76—2017
代替 HJ / T 76—2007

固定污染源烟气（SO₂、NOₓ、颗粒物）排放连续监测系统技术要求及检测方法

Specifications and test procedures for continuous emission monitoring system

for SO₂, NOₓ and particulate matter in flue gas emitted from stationary

sources

（发布稿）

2017-12-29发布　　　　　　　　　　2018-03-01实施

环　境　保　护　部　发布

目录

前言

为贯彻《中华人民共和国环境保护法》和《中华人民共和国大气污染防治法》，实施大气固定污染源排放污染物监测，规范固定污染源烟气（SO_2、NO_x、颗粒物）排放连续监测系统的性能、质量和检测，制定本标准。

本标准规定了固定污染源烟气（SO_2、NO_x、颗粒物）排放连续监测系统的组成结构、技术要求、检测项目和检测方法。

本标准是对《固定污染源烟气排放连续监测系统技术要求及检测方法（试行）》（HJ/T 76—2007）的修订。本标准首次发布于 2001 年，2007 年第一次修订，原标准起草单位为中国环境监测总站、上海市环境监测中心和国家环保总局信息中心。本次为第二次修订。本次修订的主要内容：

——增加了 CEMS 气态污染物监测单元和颗粒物监测单元的实验室检测技术要求、性能指标和检测方法；

——修订完善了 CEMS 现场检测技术要求、性能指标和检测方法；

——增加了 CEMS 关键部件冷凝器和加热采样管线的检测技术要求和性能指标。

本标准附录 A、附录 B 为规范性附录，附录 C ~ 附录 G 为资料性附录。

自本标准实施之日起，《固定污染源烟气排放连续监测系统技术要求及检测方法（试行）》（HJ/T 76—2007）废止。

本标准由环境保护部环境监测司和科技标准司组织制订。

本标准起草单位：中国环境监测总站、上海市环境监测中心。

本标准环境保护部 2017 年 12 月 29 日批准。

本标准自 2018 年 3 月 1 日起实施。

本标准由环境保护部解释。

固定污染源烟气（SO₂、NOₓ、颗粒物）排放连续监测系统技术要求及检测方法

1 适用范围

本标准规定了固定污染源烟气（SO₂、NOₓ、颗粒物）排放连续监测系统的组成结构、技术要求、性能指标和检测方法。

本标准适用于固定污染源烟气（SO₂、NOₓ、颗粒物）排放连续监测系统的设计、生产和检测。

2 规范性引用文件

本标准内容引用了下列文件或其中的条款。凡是未注明日期的引用文件，其最新版本适用于本标准。

GB/T 16157 固定污染源排气中颗粒物测定与气态污染物采样方法

HJ75 固定污染源烟气（SO2、NOₓ、颗粒物）排放连续监测技术规范

HJ212 污染源在线自动监控（监测）系统传输标准

HJ836 固定污染源废气低浓度颗粒物测定重量法

3 术语和定义

下列术语和定义适用于本标准。

3.1 烟气排放连续监测 continuous emission monitoring，CEM

对固定污染源排放的颗粒物和（或）气态污染物的排放浓度和排放量进行连续、实时的自动监测，简称 CEM。

3.2 烟气排放连续监测系统 continuous emission monitoring system，CEMS

连续监测固定污染源颗粒物和（或）气态污染物排放浓度和排放量所需要的全部设备，简称 CEMS。

3.3 满量程 span（full scale）

根据实际应用需要设置 CEMS 的最大测量值。

3.4 响应时间 response time

响应时间包括仪表响应时间和系统响应时间。

仪表响应时间指从观察到分析仪示值产生一个阶跃增加或阶跃减少的时刻起，到其示值达到标准气体标称值 90% 或 10% 的时刻止，中间的时间间隔。

系统响应时间指从 CEMS 系统采样探头通入标准气体的时刻起，到分析仪示值达到标

准气体标称值 90% 的时刻止，中间的时间间隔。包括管线传输时间和仪表响应时间。

3.5 零点漂移 zero drift

在仪器未进行维修、保养或调节的前提下，CEMS 按规定的时间运行后通入零点气体，仪器的读数与零点气体初始测量值之间的偏差相对于满量程的百分比。

3.6 量程漂移 span drift

在仪器未进行维修、保养或调节的前提下，CEMS 按规定的时间运行后通入量程校准气体，仪器的读数与量程校准气体初始测量值之间的偏差相对于满量程的百分比。

3.7 维护周期 maintenance interval

不需要进行任何外部手动维护，系统能够满足 HJ 75 技术要求的最小维护间隔。

3.8 二氧化氮转换效率 nitrogen dioxide conversion efficiency

NO_2 转换为 NO 的效率。

3.9 平行性 parallelism

在相同的环境条件下，相同的系统测量同一被测物时，其测量结果的相对标准偏差。

3.10 ppm parts per million

百万分之一体积浓度。

3.11 参比方法 reference method

用于与 CEMS 测量结果相比较的国家或行业发布的标准方法。

3.12 干烟气浓度 dry flue gas concentration

烟气经预处理，露点温度 ≤ 4 ℃时，烟气中各污染物的浓度，也称为干基浓度。

3.13 标准状态 standard state

温度为 273 K，压力为 101.325 kPa 时的状态。本标准中的污染物质量浓度均为标准状态下的干烟气浓度。

3.14 相对准确度 relative accuracy

采用参比方法与 CEMS 同步测量烟气中气态污染物浓度，取同时间区间且相同状态的测量结果组成若干数据对，数据对之差的平均值的绝对值与置信系数的绝对值之和与参比方法测定数据的平均值之比。

3.15 相关校准 correlation calibration

采用参比方法与 CEMS 同步测量烟气中颗粒物浓度，取同时间区间且相同状态的测量结果组成若干数据对，通过建立数据对之间的相关曲线，用参比方法校准颗粒物 CEMS 的过程。

3.16 速度场系数 velocity field coefficient

采用参比方法与 CEMS 同步测量烟气流速，参比方法测量的烟气平均流速与同时间区间且相同状态的 CEMS 测量的烟气平均流速的比值。

4 系统的组成和结构

4.1 系统组成

CEMS 由颗粒物监测单元和（或）气态污染物 SO_2 和（或）NO_x 监测单元、烟气参数监测单元、数据采集与处理单元组成（如图1）。系统测量烟气中颗粒物浓度、气态污染物 SO_2 和（或）NO_x 浓度、烟气参数（温度、压力、流速或流量、湿度、含氧量等），同时计算烟气中污染物排放速率和排放量，显示（可支持打印）和记录各种数据和参数，形成相关图表，并通过数据、图文等方式传输至管理部门。

4.2 系统结构

CEMS 系统结构主要包括样品采集和传输装置、预处理设备、分析仪器、数据采集和传输设备，以及其他辅助设备等。依据 CEMS 测量方式和原理的不同，CEMS 由上述全部或部分结构组成。

4.2.1 样品采集和传输装置

样品采集和传输装置主要包括采样探头、样品传输管线、流量控制设备和采样泵等；采样装置的材料和安装应不影响仪器测量。一般采用抽取测量方式的 CEMS 均具备样品采集和传输装置，其具体技术要求见 5.4.1。

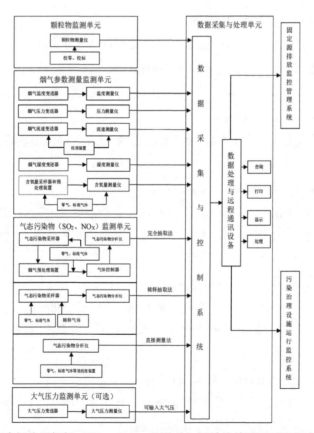

图 1 固定污染源烟气（SO_2、NO_x、颗粒物）排放连续监测系统组成示意图

4.2.2 预处理设备

预处理设备主要包括样品过滤设备和除湿冷凝设备等；预处理设备的材料和安装应不影响仪器测量。部分采用抽取测量方式的 CEMS 具备预处理设备，其具体技术要求见 5.4.2。

4.2.3 分析仪器

分析仪器用于对采集的污染源烟气样品进行测量分析。

4.2.4 数据采集和传输设备

数据采集和传输设备用于采集、处理和存储监测数据，并能按中心计算机指令传输监测 数据和设备工作状态信息；数据采集和传输设备的具体技术要求见 5.4.5。

4.2.5 辅助设备

采用抽取测量方式的 CEMS，其辅助设备主要包括尾气排放装置、反吹净化及其控制装置、稀释零空气预处理装置，以及冷凝液排放装置等；采用直接测量方式的 CEMS，其辅助设备主要包括气幕保护装置和标气流动等效校准装置等。各种辅助设备的具体技术要求见 5.4.3。

5 技术要求

5.1 外观要求

5.1.1　CEMS 应具有产品铭牌，铭牌上应标有仪器名称、型号、生产单位、出厂编号、制造 日期等信息。

5.1.2　CEMS 仪器表面应完好无损，无明显缺陷，各零、部件连接可靠，各操作键、按钮使 用灵活，定位准确。

5.1.3　CEMS 主机面板显示清晰，涂色牢固，字符、标识易于识别，不应有影响读数的缺陷。

5.1.4　CEMS 外壳或外罩应耐腐蚀、密封性能良好、防尘、防雨。

5.2 工作条件

CEMS 在以下条件中应能正常工作：

室内环境温度：15 ~ 35 ℃；室外环境温度 −20 ~ 50 ℃；

相对湿度：≤ 85%；

大气压：80 ~ 106 kPa；

供电电压：AC（220 ± 22）V，（50 ± 1）Hz。

注：低温、低压等特殊环境条件下，仪器设备的配置应满足当地环境条件的使用要求。

5.3 安全要求

5.3.1 绝缘电阻

在环境温度为 15 ~ 35 ℃，相对湿度 ≤ 85% 条件下，系统电源端子对地或机壳的绝缘电阻不小于 20 MΩ。

5.3.2 绝缘强度

在环境温度为 15 ~ 35 ℃，相对湿度 ≤ 85% 条件下，系统在 1 500 V（有效值）、50 Hz 正弦波实验电压下持续 1 min，不应出现击穿或飞弧现象。

系统应具有漏电保护装置，具备良好的接地措施，防止雷击等对系统造成损坏。

5.4 功能要求

5.4.1 样品采集和传输装置要求

5.4.1.1 样品采集装置应具备加热、保温和反吹净化功能。其加热温度一般在 120 ℃ 以上，且应高于烟气露点温度 10 ℃ 以上，其实际温度值应能够在机柜或系统软件中显示查询。

5.4.1.2 样品采集装置的材质应选用耐高温、防腐蚀和不吸附、不与气态污染物发生反应的材料，应不影响待测污染物的正常测量。

5.4.1.3 气态污染物样品采集装置应具备颗粒物过滤功能。其采样设备的前端或后端应具备便于更换或清洗的颗粒物过滤器，过滤器滤料的材质应不吸附和不与气态污染物发生反应，过滤器应至少能过滤 5 ~ 10 μm 粒径以上的颗粒物。

5.4.1.4 样品传输管线应长度适中。当使用伴热管线时应具备稳定、均匀加热和保温的功能；其设置加热温度一般在 120 ℃ 以上，且应高于烟气露点温度 10 ℃ 以上，其实际温度值应能够在机柜或系统软件中显示查询。

5.4.1.5 样品传输管线内包覆的气体传输管应至少为两根，一根用于样品气体的采集传输，另一根用于标准气体的全系统校准；CEMS 样品采集和传输装置应具备完成 CEMS 全系统校准的功能要求。

5.4.1.6 样品传输管线应使用不吸附和不与气态污染物发生反应的材料，其技术指标应符合附录 E 中表 E.1 的技术要求。

5.4.1.7 采样泵应具备克服烟道负压的足够抽气能力，并且保障采样流量准确可靠、相对稳定。

5.4.1.8 采用抽取测量方式的颗粒物 CEMS，其抽取采样装置应具备自动跟踪烟气流速变化调节采样流量的等速跟踪采样功能，等速跟踪吸引误差应不超过 ±8%。

5.4.2 预处理设备要求

5.4.2.1 CEMS 预处理设备及其部件应方便清理和更换。

5.4.2.2 CEMS 除湿设备的设置温度应保持在 4 ℃ 左右（设备出口烟气露点温度应 ≤ 4℃），正常波动在 ±2 ℃ 以内，其实际温度数值应能够在机柜或系统软件中显示查询。

5.4.2.3 预处理设备的材质应使用不吸附和不与气态污染物发生反应的材料，其技术指标应符合附录 E 中表 E.2 的技术要求。

5.4.2.4 除湿设备除湿过程产生的冷凝液应采用自动方式通过冷凝液收集和排放装置及时、顺畅排出。

5.4.2.5 为防止颗粒物污染气态污染物分析仪，在气体样品进入分析仪之前可设置精细过滤器；过滤器滤料应使用不吸附和不与气态污染物发生反应的疏水材料，过滤器应至少能过滤 0.5 ～ 2 pm 粒径以上的颗粒物。

5.4.3 辅助设备要求

5.4.3.1 CEMS 排气管路应规范敷设，不应随意放置，防止排放尾气污染周围环境。

5.4.3.2 当室外环境温度低于 0 ℃时，CEMS 尾气排放管应配套加热或伴热装置，确保排放尾气中的水分不冷凝或结冰，造成尾气排放管堵塞和排气不畅。

5.4.3.3 CEMS 应配备定期反吹装置，用以定期对样品采集装置等其他测量部件进行反吹，避免出现由于颗粒物等累积造成的堵塞状况。

5.4.3.4 CEMS 应具有防止外部光学镜头和插入烟囱或烟道内的反射或测量光学镜头被烟气污染的净化系统（即气幕保护系统）；净化系统应能克服烟气压力，保持光学镜头的清洁；净化系统使用的净化气体应经过适当预处理确保其不影响测量结果。

5.4.3.5 具备除湿冷凝设备的 CEMS，其除湿过程产生的冷凝液应通过冷凝液排放装置及时、顺畅排出。

5.4.3.6 具备稀释采样系统的 CEMS，其稀释零空气必须配备完备的气体预处理系统，主要包括气体的过滤、除水、除油、除烃，以及除二氧化硫和氮氧化物等环节。

5.4.3.7 CEMS 机柜内部气体管路以及电路、数据传输线路等应规范敷设，同类管路应尽可能集中汇总设置；不同类型的管路或不同作用、方向的管路应采用明确标识加以区分；各种走线应安全合理，便于查找维护维修。

5.4.3.8 CEMS 机柜内应具备良好的散热装置，确保机柜内的温度符合仪器正常工作温度；应配备照明设备，便于日常维护和检查。

5.4.4 校准功能要求

5.4.4.1 CEMS 应能用手动和（或）自动方式进行零点和量程校准。

5.4.4.2 采用抽取测量方式的气态污染物 CEMS，应具备固定的和便于操作的标准气体全系统校准功能；即能够完成从样品采集和传输装置、预处理设备和分析仪器的全系统校准。

5.4.4.3 采用直接测量方式的气态污染物 CEMS，应具备稳定可靠和便于操作的标准气体流动等效校准功能；即能够通过内置或外置的校准池，完成对系统的等效校准。等效校准原理和校准计算过程参见附录 F。

5.4.5 数据采集和传输设备要求

5.4.5.1 应显示和记录超出其零点以下和量程以上至少 10% 的数据值。当测量结果超过零点以下和量程以上 10% 时，数据记录存储其最小或最大值。

5.4.5.2 应具备显示、设置系统时间和时间标签功能，数据为设置时段的平均值。

5.4.5.3 能够显示实时数据，具备查询历史数据的功能，并能以报表或报告形式输出，相关日报表、月报表和年报表的格式要求见附录 A。

5.4.5.4 具备数字信号输出功能。

5.4.5.5 具有中文数据采集、记录、处理和控制软件。数据采集记录处理要求见附录 B。

5.4.5.6 仪器掉电后，能自动保存数据；恢复供电后系统可自动启动，恢复运行状态并正常开始工作。

6 性能指标

6.1 实验室检测

6.1.1 气态污染物（含 O_2）监测单元

6.1.1.1 仪表响应时间（上升时间和下降时间）：分析仪器仪表响应时间：≤ 120 s。

6.1.1.2 重复性，分析仪器重复性（相对标准偏差）：≤ 2%。

6.1.1.3 线性误差，分析仪器线性误差：不超过 ±2% 满量程。

6.1.1.4 24 h 零点漂移和量程漂移，分析仪器 24 h 零点漂移和量程漂移：不超过 ±2% 满量程。

6.1.1.5 一周零点漂移和量程漂移，分析仪器一周零点漂移和量程漂移：不超过 ±3% 满量程。

6.1.1.6 环境温度变化的影响，环境温度在（15~35）℃范围内变化，分析仪器读数的变化：不超过 ±5% 满量程。

6.1.1.7 进样流量变化的影响，进样流量变化 ±10%，分析仪器读数的变化：不超过 ±2% 满量程。

6.1.1.8 供电电压变化的影响，供电电压变化 ±10%，分析仪器读数的变化：不超过 ±2% 满量程。

6.1.1.9 干扰成分的影响，依次通入表 1 中相应浓度的干扰成分气体，导致分析仪器读数变化的正干扰和负干扰：不超过 ±5% 满量程。

表 1 实验室检测使用的干扰成分气体

气体类型	气体名称	浓度范围
干扰气体	CO	300 mg/m³
	CO_2	15%
	CH_4	50 mg/m³
	NH_3	20 mg/m³
	HCl	200 mg/m³

6.1.1.10 振动的影响，按照规定的振动条件和频率进行振动实验后，分析仪器读数的变化：不超过 ±2% 满量程。

6.1.1.11 二氧化氮转换效率，NO_x 分析仪器或 NO_2 转换器中 NO_2 转换为 NO 的效率：≥ 95%。

6.1.1.12 平行性，三台（套）分析仪器测量同一标准样品读数的相对标准偏差 ≤ 5%。

6.1.2 颗粒物监测单元

6.1.2.1 重复性，分析仪器重复性（相对标准偏差）：≤ 2%。

6.2.2.2 24 h 零点漂移和量程漂移，分析仪器 24 h 零点漂移和量程漂移：不超过 ±2% 满量程。

6.2.2.3 一周零点漂移和量程漂移，分析仪器一周零点漂移和量程漂移：不超过 ±3% 满量程。

6.1.2.4 环境温度变化的影响，环境温度在（-20~50）℃范围内变化，分析仪器读数的变化：不超过 ±5% 满量程。

6.1.2.5 供电电压变化的影响，供电电压变化 ±10%，分析仪器读数的变化：不超过 ±2% 满量程。

6.1.2.6 振动的影响，按照规定的振动条件和频率进行振动实验后，分析仪器读数的变化：不超过 ±2% 满量程。

6.1.2.7 检出限，分析仪器满量程值 ≤ 50 mg/m³ 时，检出限 ≤ 1.0 mg/m³（满量程值 > 50 mg/m³ 时不做要求）。

6.2 污染物排放现场检测

6.2.1 气态污染物 CEMS（含 O₂）

6.2.1.1 示值误差

a）气态污染物 CEMS

当系统检测 SO_2 满量程值 ≥ 100 μmol/mol；NO_x 满量程值 ≥ 200 μmol/mol 时，示值误差：不超过 ±5% 标准气体标称值；

当系统检测 SO_2 满量程值 < 100 μmol/mol；NO_x 满量程值 < 200 μmol/mol 时，示值误差：不超过 ±2.5% 满量程。

b）O_2 CMS

不超过 ±5% 标准气体标称值。

6.2.1.2 系统响应时间

气态污染物 CEMS（含 O_2）系统响应时间：≤ 200 s。

6.2.1.3 24 h 零点漂移和量程漂移

气态污染物 CEMS（含 O_2）24 h 零点漂移和量程漂移：不超过 ±2.5% 满量程。

6.2.1.4 准确度

a）气态污染物 CEMS

当参比方法测量烟气中二氧化硫、氮氧化物排放浓度的平均值：

1）≥ 250 μmol/mol 时，CEMS 与参比方法测量结果相对准确度：≤ 15%；

2）≥ 50 μmol/mol ~ < 250 μmol/mol 时，CEMS 与参比方法测量结果平均值绝对误差的绝对值：≤ 20 μmol/mol；

3）≥ 20 μmol/mol ~ < 50 μmol/mol 时，CEMS 与参比方法测量结果平均值相对误差的绝对值：≤ 30%；

4）＜ 20 μmol/mol 时，CEMS 与参比方法测量结果平均值绝对误差的绝对值：≤ 6 μmol/mol。

b）O_2 CMS

O_2 CMS 与参比方法测量结果相对准确度：≤ 15%。

6.2.2 颗粒物 CEMS

6.2.1.1 24 h 零点漂移和量程漂移

颗粒物 CEMS24 h 零点漂移和量程漂移：不超过 ±2% 满量程。

6.2.2.2 相关校准

颗粒物 CEMS 线性相关校准曲线应符合下列条件：

a）相关系数：≥ 0.85（当测量范围上限小于或等于 50 mg/m³ 时，相关系数 ≥ 0.75）；

b）置信区间：95% 的置信水平区间应落在由距校准曲线适合的颗粒物排放浓度限值 ±10% 的两条直线组成的区间内。

c）允许区间：允许区间应具有 95% 的置信水平，即 75% 的测定值应落在由距校准曲线适合的颗粒物排放浓度限值 ±25% 的两条直线组成的区间内。

6.2.2.3 准确度

当参比方法测量烟气中颗粒物排放浓度的平均值：

a）＞ 200 mg/m³ 时，CEMS 与参比方法比对测试结果平均值的相对误差：不超过 ±15%；

b）＞ 100 mg/m³ ~ ≤ 200 mg/m³ 时，CEMS 与参比方法测量结果平均值的相对误差：不超过 ±20%；

c）＞ 50 mg/m³ ~ ≤ 100 mg/m³ 时，CEMS 与参比方法测量结果平均值的相对误差：不超过 ±25%；

d）＞ 20 mg/m³ ~ ≤ 50 mg/m³ 时，CEMS 与参比方法测量结果平均值的相对误差：不超过 ±30%；

e）＞ 10 mg/m³ ~ ≤ 20 mg/m³ 时，CEMS 与参比方法测量结果平均值的绝对误差：不超过 ±6 mg/m³；

f）≤ 10 mg/m³ 时，CEMS 与参比方法测量结果平均值的绝对误差：不超过 ±5 mg/m³。

6.2.3 烟气流速连续测量系统

6.2.3.1 测量范围：测量范围上限 ≥ 30 m/s。

6.2.3.2 速度场系数精密度：速度场系数的相对标准偏差 ≤ 5%。

6.2.3.3 准确度

当参比方法测量烟气流速的平均值：

a）＞ 10 m/s 时，CEMS 与参比方法测量结果平均值的相对误差：不超过 ±10%；

b）≤ 10 m/s 时，CEMS 与参比方法测量结果平均值的相对误差：不超过 ±12%。

6.2.4 烟气温度连续测量系统

准确度：CEMS 与参比方法测量结果平均值的绝对误差：不超过 ±3℃。

6.2.5 烟气湿度连续测量系统

6.2.5.1 准确度

当参比方法测量烟气绝对湿度的平均值：

a）> 5.0% 时，CEMS 与参比方法测量结果平均值的相对误差：不超过 ±25%；

b）≤ 5.0% 时，CEMS 与参比方法测量结果平均值的绝对误差：不超过 ±1.5%。

6.2.5.2 采用氧传感器通过测量烟气含氧量计算得到烟气湿度的 CEMS，应同时满足 6.2.5.1 和 6.2.1.1 ~ 6.2.1.3 的相关技术指标要求。

7 检测方法

7.1 实验室检测

7.1.1 一般要求

7.1.1.1 至少抽取 3 套同型号 CEMS 仪器在指定的实验室场地同时进行检测。

7.1.1.2 系统具备双量程或多量程时（非硬件调整），只针对仪器的最小量程进行技术指标检测。气态污染物（SO_2、NO_x）监测单元检测量程最大值为 250 μmol/mol。颗粒物监测单元检测量程最大值为 200 mg/m³。

7.1.1.3 检测期间除进行系统零点和量程校准外，不允许对系统进行计划外的维护、检修和调节。

7.1.1.4 如果因供电问题造成测试中断，在供电恢复正常后，继续进行检测，已经完成的测试指标和数据有效。

7.1.1.5 如果因 CEMS 故障造成测试中断，在 CEMS 恢复正常后，重新开始检测，已经完成的测试指标和数据无效；检测期间，每台（套）CEMS 故障次数 ≤ 2 次。

7.1.1.6 可设定任一时间对 CEMS 进行零点和量程的自动校验和校准；检测期间，自动校验校准时间间隔应设置为 ≥ 24 h。

7.1.1.7 各技术指标检测数据均采用 CEMS 数据采集与处理单元存储记录的最终结果。

7.1.2 标准物质要求

7.1.2.1 零气（零点气体）：含二氧化硫、氮氧化物浓度分别 ≤ 0.1 μmol/mol 的标准气体（一般为高纯氮气，≥ 99.999%）。当测量烟气中二氧化碳时，零气中二氧化碳不超过 400 μmol/mol，含有其他气体的浓度不得干扰仪器的读数。

7.1.2.2 标准气体：由国家计量主管部门批准的国家一、二级标准气体，其不确定度不超过 ±2.0%。量程校准气体指浓度在（80% ~ 100%）满量程范围内的标准气体。较低浓度的标准气体如不能满足不确定度要求，可以使用满足要求的高浓度标准气体采用等比例稀释的方式获得，等比例稀释装置的精密度应在 1.0% 以内。

7.1.2.3 颗粒物零点和量程校准部件：能够手动或自动完成颗粒物 CEMS 零点和（50% ~ 100%）满量程校准和检验的装置、元件或设备。

7.1.3 实验室检测方法

7.1.3.1 气态污染物（含 O_2）监测单元

7.1.3.1.1 仪表响应时间（上升时间和下降时间）

待测分析仪器运行稳定后，按照分析仪器设定进样流量通入零点气体，待读数稳定后按照相同流量通入量程校准气体，同时用秒表开始计时；当待测分析仪器显示值上升至标准气体浓度标称值90%时，停止计时；记录所用时间为待测分析仪器的上升时间。待量程校准气体测量读数稳定后，按照相同流量通入零点气体，同时用秒表开始计时，当待测分析仪器显示值下降至量程校准气体浓度标称值的10%时，停止计时；记录所用时间为待测分析仪器的下降时间。

仪表响应时间每天测试1次，重复测试3天，平均值应符合6.1.1.1的要求。

7.1.3.1.2 重复性

待测分析仪器运行稳定后，通入量程校准气体，待读数稳定后记录显示值 C_i，使用同一浓度量程校准气体重复上述测试操作至少6次，按公式（1）计算待测分析仪器的重复性（相对标准偏差），应符合6.1.1.2的要求。

$$S_r = \frac{1}{\overline{C}} \times \sqrt{\frac{\sum_{i=1}^{n}\left(C_i - \overline{C}\right)^2}{n-1}} \times 100\% \tag{1}$$

式中：S_r——待测分析仪器重复性，%；

C_i——量程校准气体第 i 次测量值，ppm（mg/m^3）；

$\overline{C}$——量程校准气体测量平均值，ppm（mg/m^3）；

i——记录数据的序号（$i=1 \sim n$）；

n——测量次数（$n \geq 6$）。

7.1.3.1.3 线性误差

待测分析仪器运行稳定后，分别进行零点校准和满量程校准。依次通入浓度为（20%±5%）满量程、（40%±5%）满量程、（60%±5%）满量程和（80%±5%）满量程的标准气体；读数稳定后分别记录各浓度标准气体的显示值；再通入零点气体，重复测试3次，按公式（2）计算待测分析仪器每种浓度标准气体测量误差相对于满量程的百分比 L_{ei}，L_{ei} 的最大值应符合6.1.1.3的要求。

$$L_{ei} = \frac{\left(\overline{C}_{di} - C_{si}\right)}{R} \times 100\% \tag{2}$$

式中：L_{ei} 待测分析仪器测量第 i 种浓度标准气体的线性误差，%；

C_{si}——第 i 种浓度标准气体浓度标称值，ppm（mg/m^3）；

$\overline{C}_{di}$——待测分析仪器测量第 i 种浓度标准气体3次测量平均值，ppm（mg/m^3）；

i——测量标准气体序号（$i=1 \sim 4$）；

R——待测分析仪器满量程值，ppm（mg/m^3）。

7.1.3.1.4 24 h 零点漂移和量程漂移

待测分析仪器运行稳定后，通入零点气体，记录分析仪器零点稳定读数为 Z_0；然后通入量程校准气体，记录稳定读数 S_o。通气结束后，待测分析仪器连续运行 24 h（期间不允许任何校准和维护）后分别通入同一浓度零点气体和量程校准气体重复上述操作，并分别记录稳定后读数 Z_n 和 S_n。按公式（3）、（4）、（5）和（6）计算待测分析仪器的 24 h 零点漂移 Z_d。和 24 h 量程漂移 S_d，然后可对待测分析仪器进行零点和量程校准（如果不校准可将本次零点和量程测量值作为 CEMS 运行 24 h 后零点和量程漂移测试的初始值 Z_0 和 S_0）。重复上述测试 7 次，全部 24 h 零点漂移值 Z_d 和 24 h 量程漂移 S_d 均应符合 6.1.1.4 的要求。

$$\Delta Z_n = Z_n - Z_0 \tag{3}$$

$$Z_d = \frac{\Delta Z_n}{R} \times 100\% \tag{4}$$

式中：Z_d——待测分析仪器 24 h 零点漂移，%；

Z_0——待测分析仪器通入零点气体的初始测量值，ppm（mg/m³）；

Z_n——待测分析仪器运行 24 h 后通入零点气体的测量值，ppm（mg/m³）；

$\triangle Z_n$——待测分析仪器运行 24 h 后的零点变化值，ppm（mg/m³）；

R——待测分析仪器满量程值，ppm（mg/m³）。

$$\Delta S_n = S_n - S_0 \tag{5}$$

$$S_d = \frac{\Delta S_n}{R} \times 100\% \tag{6}$$

式中：S_d——待测分析仪器 24 h 量程漂移，%；

S_0——待测分析仪器通入量程校准气体的初始测量值，ppm（mg/m³）；

S_n——待测分析仪器运行 24 h 后通入量程校准气体的测量值，ppm（mg/m³）；

$\triangle S_n$——待测分析仪器运行 24 h 后的量程点变化值，ppm（mg/m³）。

7.1.3.1.5 一周零点漂移和量程漂移

待测分析仪器运行稳定后，通入零点气体，记录分析仪器零点稳定读数为 Z_0；然后通入量程校准气体，记录稳定读数 S_o。通气结束后，待测分析仪器连续运行 168 h（期间不允许任何手动校准和维护）后重复上述操作，并分别记录稳定后读数 Z_n 和 S_n。分别按公式（3）、（4）、（5）和（6）计算待测分析仪器的一周零点漂移 Z_d 和一周量程漂移 S_d，然后可对待测分析仪器进行零点和量程校准（如果不校准可将本次零点和量程测量值作为 CEMS 运行一周后零点和量程漂移测试的初始值 Z_0 和 S_0）。重复上述测试 7 次，全部一周零点漂移值和一周量程漂移均应符合 6.1.1.5 的要求。

7.1.3.1.6 环境温度变化的影响

a）待测分析仪器在恒温环境中运行后，设置环境温度为（25±1）℃，稳定至少 30 min，记录标准温度值 t_0 通入零点气体，记录待测分析仪器读数 Z_0；通入量程校准气体，记录待测分析仪器读数 M_0；

b）缓慢调节（升温速率或降温速率＜ 1 ℃ /min,以下相同）恒温环境温度为（ 35 ± 1 ）℃,稳定至少 30 min,记录标准温度值 t_1,分别通入同一浓度零点气体和量程校准气体,记录待测仪器零点读数 Z_1 和量程读数 M_1;

c）缓慢调节恒温环境温度为（ 25 ± 1 ）℃,稳定至少 30 min,记录标准温度值 t_2,分别通入同一浓度零点气体和量程校准气体,记录待测仪器零点读数 Z_2 和量程读数 M_2;

d）缓慢调节恒温环境温度为（ 15 ± 1 ）℃,稳定至少 30 min,记录标准温度值 t_3,分别通入同一浓度零点气体和量程校准气体,记录待测仪器零点读数 Z_3 和量程读数 M_3;

e）缓慢调节恒温环境温度为（ 25 ± 1 ）℃,稳定至少 30 min,记录标准温度值 t_4,分别通入同一浓度零点气体和量程校准气体,记录待测仪器零点读数 Z_4 和量程读数 M_4;

f）按公式（7）计算待测分析仪器环境温度变化的影响 b_{st},应符合 6.1.1.6 的要求。

$$b_{st} = \frac{(M_3 - Z_3) - \frac{(M_2 - Z_2)(M_4 - Z_4)}{2}}{R} \times 100\% \quad (7)$$

$$或 \frac{(M_1 - Z_1) - \frac{(M_0 - Z_0) + (M_2 - Z_2)}{2}}{R} \times 100\%$$

式中: b_{st}——待测分析仪器环境温度变化的影响, % ;

M_0——环境温度 t_0 ,待测分析仪器量程校准气体测量值, ppm（ mg/m^3 ）;

M_1——环境温度 t_1 ,待测分析仪器量程校准气体测量值, ppm（ mg/m^3 ）;

M_2——环境温度 t_2 ,待测分析仪器量程校准气体测量值, ppm（ mg/m^3 ）;

M_3——环境温度 t_3 ,待测分析仪器量程校准气体测量值, ppm（ mg/m^3 ）;

M_4——环境温度 t_4 ,待测分析仪器量程校准气体测量值, ppm（ mg/m^3 ）;

Z_0——环境温度 t_0 ,待测分析仪器零点气体测量值, ppm（ mg/m^3 ）;

Z_1——环境温度 t_1 ,待测分析仪器零点气体测量值, ppm（ mg/m^3 ）;

Z_2——环境温度 t_2 ,待测分析仪器零点气体测量值, ppm（ mg/m^3 ）;

Z_3——环境温度 t_3 ,待测分析仪器零点气体测量值, ppm（ mg/m^3 ）;

Z_4——环境温度 t_4 ,待测分析仪器零点气体测量值, ppm（ mg/m^3 ）;

R——待测分析仪器满量程值, ppm（ mg/m^3 ）。

7.1.3.1.7 进样流量变化的影响

待测分析仪器运行稳定后,按照初始设定进样流量,通入量程校准气体,稳定后记录待测分析仪器读数 T ;调节待测分析仪器进样流量高于初始设定流量值10%,通入同一浓度标准气体,稳定后记录待测分析仪器读数 P ;调节待测分析仪器进样流量低于初始设定流量值10%,通入同一浓度标准气体,稳定后记录待测分析仪器读数 Q 。按公式（8）计算待测分析仪器进样流量变化的影响 V,重复测试 3 次,平均值应符合 6.1.1.7 的要求。

$$V = \frac{P-T}{R} \times 100\% \quad \text{或} \frac{Q-T}{R} \times 100\% \tag{8}$$

式中：V——待测分析仪器进样流量变化的影响，%；

T——初始设定进样流量条件下量程校准气体测量值，ppm（mg/m³）

P——进样流量高于初始设定流量值 10% 时，量程校准气体测量值，ppm（mg/m³）；

Q——进样流量低于初始设定流量值 10% 时，量程校准气体测量值，ppm（mg/m³）；

R——待测分析仪器满量程值，ppm（mg/m³）。

7.1.3.1.8 供电电压变化的影响

待测分析仪器运行稳定后，在正常电压条件下，通入量程校准气体，稳定后记录待测分析仪器读数 W；调节待测分析仪器供电电压高于正常电压值 10%，通入同一浓度标准气体，稳定后记录待测分析仪器读数 X；调节待测分析仪器供电电压低于正常电压值 10%，通入同一浓度标准气体，稳定后记录待测分析仪器读数 Y。按公式（9）计算待测分析仪器供电电压变化的影响 U，认重复测试 3 次，平均值应符合 6.1.1.8 的要求。

$$U = \frac{X-W}{R} \times 100\% \quad \text{或} \frac{Y-W}{R} \times 100\% \tag{9}$$

式中：U——待测分析仪器供电电压变化的影响，%；

W——正常电压条件下量程校准气体测量值，ppm（mg/m³）

X——供电电压高于正常电压 10% 时，量程校准气体测量值，ppm（mg/m³）

Y——供电电压低于正常电压 10% 时，量程校准气体测量值，ppm（mg/m³）；

R——待测分析仪器满量程值，ppm（mg/m³）。

7.1.3.1.9 干扰成分的影响

干扰测试气体见表 1。待测分析仪器运行稳定后，通入零点标准气体，记录待测分析仪器读数 a；通入规定浓度的干扰气体，记录待测分析仪器读数 b。零点气体和每种干扰气体按上述操作重复测试 3 次，计算平均值 $\bar{a}$ 和 $\bar{b}$，按公式（10）计算待测分析仪器每种干扰气体干扰成分的影响 IE_i；将大于满量程值 0.5% 的正干扰值和小于满量程值 −0.5% 的负干扰值分别相加，可得到正干扰影响值和负干扰影响值；均应符合 6.1.1.9 的要求。

$$IE_i = \frac{\bar{b_i} - \bar{a}}{R} \times 100\% \tag{10}$$

式中：IE_i——待测分析仪器测量第 i 种干扰气体干扰成分的影响，%；

$\bar{b_i}$——第 i 种干扰气体 3 次测量的平均值，ppm（mg/m³）

$\bar{a}$——零点气体 3 次测量平均值，ppm（mg/m³）

R——待测分析仪器满量程值，ppm（mg/m³）；

i——测试干扰气体的序号（i=1 ~ 5）。

7.1.3.1.10 振动的影响

将待测分析仪器按照正常的安装方式安装在振动测试装置上，待测分析仪器运行稳定后，分别通入零点气体和量程校准气体，稳定后记录待测分析仪器读数 Z_0 和 M_0。将振动测试装置调节到位移幅值 0.15 mm，然后分别在三个互相垂直的轴线上在（10–55–10）Hz 频率范围内依次以对数规律进行扫频，扫频速率为 1 个倍频程 /min，每个方向上的振动测试时间均保持 10 min。振动测试结束后仪器恢复 2 h，再次分别通入零气和量程校准气体，稳定后记录待测分析仪器读数 Z_1 和 M_1，重复振动后零点和量程标准气体测量 3 次，取测量结果的平均值；按照公式（11）和（12）分别计算待测分析仪器的零点处振动的影响和量程点处振动的影响；均应符合 6.1.1.10 的要求。

注：带减震装置的仪器可连同减震装置一起进行振动测试。

$$u_0 = \frac{\overline{Z} - Z_0}{R} \times 100\% \tag{11}$$

$$u_{sp} = \frac{\overline{M} - M_0}{R} \times 100\% \tag{12}$$

式中：u_0——待测分析仪器零点处振动的影响，%；

U_{sp}——待测分析仪器量程点处振动的影响，%；

Z_0——正常没有外界振动条件下零点气体测量值，ppm（mg/m³）；

M_0——正常没有外界振动条件下量程校准气体测量值，ppm（mg/m³）；

$\overline{Z}$——经过振动测试后零点气体测量平均值，ppm（mg/m³）；

$\overline{M}$——经过振动测试后量程校准气体测量平均值，ppm（mg/m³）；

R——待测分析仪器满量程值，ppm（mg/m³）。

7.1.3.1.11 二氧化氮转换效率

二氧化氮转换效率检测仅适用于配置有二氧化氮转换器的 NO_x CEMS，可采用以下两种方式进行。

a）标气直接转换测量

待测分析仪器运行稳定后，分别进行零点校准和满量程校准。通入浓度为（20% ~ 80%）满量程的 NO_2 标准气体，读数稳定后记录待测分析仪器显示值 C_{NO_2}。重复测试 3 次，计算平均值 $\overline{C}_{NO_2}$，按公式（13）计算待测分析仪器二氧化氮转换效率，应符合 6.1.1.11 的要求。

$$\eta = \frac{C_{NO_2}}{C_0} \times 100\% \tag{13}$$

式中：η——待测分析仪器二氧化氮转换效率，%；

C_{NO_2}——NO_2 标准气体 3 次测量平均值，ppm（mg/m³）；

C_0——NO_2 标准气体浓度值，ppm（mg/m³）。

b）使用臭氧发生器转换测量

1）待测分析仪器运行稳定后，通入 NO 量程校准气体，分别记录待测分析仪器 NO 和

NO_x稳定读数；重复操作 3 次，分别计算 NO 和 NO_x 读数的平均值 $[NO]_{orig}$ 和 $[NO_x]_{orig}$；

2）启动臭氧发生器，产生一定浓度的臭氧，在相同实验条件下通入与 1）中同一浓度的 NO 标准气体，分别记录待测分析仪器 NO 和 NO_x 稳定读数；重复操作 3 次，计算 NO 和 NO_x 读数的平均值 $[NO]_{rem}$ 和 $[NO_x]_{rem}$；生成的 NO_2 气体的标准浓度值等于 $[NO]_{orig}$ 与 $[NO]_{rem}$ 的差值，浓度范围应控制在（20% ~ 80%）满量程。

3）按公式（14）计算待测分析仪器二氧化氮转换效率 η，应符合 6.1.1.11 的要求。

$$\eta = \frac{\left([NO_x]_{rem} - [NO]_{rem}\right) - \left([NO_x]_{orig} - [NO]_{orig}\right)}{[NO]_{orig} - [NO]_{rem}} \times 100\%$$

式中：η——待测分析仪器二氧化氮转换效率，%；

$[NO]_{orig}$——未启动臭氧发生器时通入 NO 标准气体 NO 测量平均值，ppm（mg/m^3）；

$[NO_x]_{orig}$——未启动臭氧发生器时通入 NO 标准气体 NO_x 测量平均值，ppm（mg/m^3）；

$[NO]_{rem}$——启动臭氧发生器后通入 NO 标准气体 NO 测量平均值，ppm（mg/m^3）；

$[NO_x]_{rem}$——启动臭氧发生器后通入 NO 标准气体 NO_x 测量平均值，ppm（mg/m^3）。

7.1.3.1.12 平行性

三台（套）同型号待测分析仪器运行稳定后，分别进行零点校准和满量程校准。依次向三台（套）分析仪器通入浓度为（20% ~ 30%）满量程值、（40% ~ 60%）满量程值、（80% ~ 90%）满量程值 3 种标准气体，读数稳定后分别记录三台（套）仪器通入 3 种浓度标准气体的测量值。按照公式（15）分别计算通入每种浓度标准气体三台（套）分析仪器测量值的相对标准偏差，即为待测分析仪器的平行性，其最大值应符合 6.1.1.12 的要求。

$$P_i = \frac{1}{\overline{C}_j} \times \sqrt{\frac{\sum_{i=1}^{3}\left(C_{i,j} - \overline{C}_j\right)^2}{2}} 100\% \tag{15}$$

式中：P_j——三台（套）待测分析仪器测量第 j 种标准气体的平行性，%；

$\overline{C}_j$——三台（套）待测分析仪器测量第 j 种标准气体的平均值，ppm（mg/m^3）；

$C_{i,j}$——第 i 台（套）待测分析仪器测量第 j 种标准气体的测量值，ppm（mg/m^3）；

i——待测分析仪器的序号（i=1 ~ 3）；

j——测试标准气体的序号（j=1 ~ 3）。

7.1.3.2 颗粒物监测单元

7.1.3.2.1 重复性

待测分析仪器运行稳定后，进入校准状态；使用零点校准部件调零，然后切换至量程校准部件，待读数稳定后记录显示值 C_i，重复上述测试操作至少 6 次，按公式（1）计算待测分析仪器的重复性（相对标准偏差），应符合 6.1.2.1 的要求。

7.1.3.2.2 24 h 零点漂移和量程漂移

待测分析仪器运行稳定后，使用零点校准部件调零，并记录仪器零点稳定读数为 Z_0；

然后切换至量程校准部件，记录稳定读数 G_0。然后，待测仪器连续运行 24 h（期间不允许任何校准和维护）后重复上述操作，并分别记录稳定后读数 Z_n 和 S_n。分别按公式（3）、（4）、（5）和（6）计算待测分析仪器的 24 h 零点漂移 Z_d 和 24 h 量程漂移 S_d，然后可对待测分析仪器进行零点和量程校准。重复上述测试 7 次，全部 24 h 零点漂移值 Z_d 和 24 h 量程漂移 S_d 均应符合 6.1.2.2 的要求。

7.1.3.2.3 一周零点漂移和量程漂移

待测分析仪器运行稳定后，使用零点校准部件，记录仪器零点稳定读数为 Z_0；然后切换至量程校准部件，记录稳定读数 S_0。然后，待测仪器连续运行 168 h（期间不允许任何手动校准和维护）后重复上述操作，并分别记录稳定后读数 Z_n 和 S_n。分别按公式（3）、（4）、（5）和（6）计算待测分析仪器的一周零点漂移 Z_d 和 24 h 量程漂移 S_d，然后可对待测分析仪器进行零点和量程校准。重复上述测试 7 次，全部一周零点漂移值 Z_d 和 24 h 量程漂移 S_d 均应符合 6.1.2.3 的要求。

7.1.3.2.4 环境温度变化的影响

环境温度变化的影响检测使用零点校准部件和（50% ～ 100%）满量程校准部件。待测分析仪器在恒温环境中运行后，设置环境温度为（20±1）℃，稳定至少 30 min，记录标准温度值，使用零点校准部件，记录仪器初始零点稳定读数；然后切换至量程校准部件，记录量程稳定读数。保持量程校准部件处于测量状态，调整环境温度的变化情况为：20 ℃→50 ℃→20 ℃→–20 ℃→20 ℃，设定温度点的实际温度应在 ±1 ℃以内，检测过程与 7.1.3.1.6 相同（各温度下的零点值均以零点初始稳定读数计，不需切换）按公式（7）计算待测仪器环境温度变化的影响，应符合 6.1.2.4 的要求。

7.1.3.2.5 供电电压变化的影响

供电电压变化的影响检测使用量程校准部件。检测过程与 7.1.3.1.8 相同；按公式（9）计算待测仪器供电电压变化的影响，应符合 6.1.2.5 的要求。

7.1.3.2.6 振动的影响

振动的影响检测使用零点校准部件和量程校准部件。检测过程与 7.1.3.1.10 相同；按公式（11）和（12）计算待测仪器振动的影响，应符合 6.1.2.6 的要求。

7.1.3.2.7 检出限

将待测分析仪器放置在密闭洁净空间中，预热运行稳定后开始正常测量。每间隔 2 min 记录该时间段数据的平均值（记为 1 个数据），获得至少 25 个数据（对于非连续测量的仪器间隔时间应为其测量周期时间）计算所取得数据的标准偏差；待测分析仪器的检出限为计算获得标准偏差的 3 倍，应符合 6.1.2.7 的要求。

7.2 污染物排放现场检测

7.2.1 一般要求

7.2.1.1 实验室检测通过后才允许进行污染物排放现场检测。

7.2.1.2 CEMS 现场安装和调试技术要求应符合 HJ 75 的相关内容。

7.2.1.3 CEMS 现场参比方法采样位置、采样孔数量以及采样点设置等应符合 GB/T 16157 的相关要求。

7.2.1.4 现场检测包括初检，90 天运行和复检。CEMS 调试完成后正常运行 168 h 可进行初检；CEMS 初检合格后，进入 90 天现场运行期；90 天运行符合要求后，进行复检。

7.2.1.5 初检和复检期间除进行系统零点和量程校准外，不允许对系统进行计划外的维护、检修和调节。

7.2.1.6 初检和复检期间如果因现场污染源排放故障或供电问题造成测试中断，在故障排除或供电恢复正常后，继续进行检测，已经完成的测试指标和数据有效。如果因 CEMS 故障造成测试中断，则检测结束。

7.2.1.7 可设定任一时间对 CEMS 进行零点和量程的自动校验和校准；初检和复检期间，自动校验校准时间间隔应设置为 ≥ 24 h。

7.2.1.8 90 天现场运行期间，应按照质量保证计划进行必要的校准、维护和检修，CEMS 应按规定远程传输现场监测数据。90 天远程有效数据传输率达到 90% 以上则现场运行检测通过，否则延长运行期直到达到为止。如果因现场供电问题或 CEMS 故障造成 CEMS 数据缺失或传输中断，则该段时间内数据无效。

7.2.1.9 各技术指标检测数据均采用 CEMS 数据采集与处理单元存储记录的最终结果。

7.2.2 标准物质要求

现场检测使用的标准物质要求与 7.1.2 相同。

7.2.3 污染物排放现场检测方法

7.2.3.1 气态污染物 CEMS（含 O_2）

7.2.3.1.1 示值误差

待测 CEMS 运行稳定后，分别进行零点校准和满量程校准。依次通入低浓度（20% ~ 30%）满量程值、中浓度（50% ~ 60%）满量程值和高浓度（80% ~ 100%）满量程值的标准气体；读数稳定后分别记录各浓度标准气体的显示值；再通入零点气体，重复测试 3 次。当系统检测 SO_2 满量程值 < 100 μmol/mol；NO_x 满量程值 < 200 μmol/mol 时，按公式（2）计算待测 CEMS 每种浓度标准气体示值误差 L_{ei} 当系统检测 SO_2 满量程值 ≥ 100 μmol/mol；NO_x 满量程值 ≥ 200 μmol/mol 时，按公式（16）计算待测 CEMS 每种浓度标准气体示值误差 L_{ei} 的最大值应符合 6.2.1.1 的要求。

$$L_{ei} = \frac{(\overline{C}_{di} - C_{si})}{C_{si}} \times 100\% \tag{16}$$

式中：L_{ei}——待测 CEMS 测量第种浓度标准气体的示值误差，%；

C_{si}——第 i 种浓度标准气体浓度标称值，ppm（mg/m³）；

$\overline{C}_{di}$——待测 CEMS 测量第 i 种浓度标准气体 3 次测量平均值，ppm（mg/m³）；

i——测量标准气体序号（i=1 ~ 3）。

7.2.3.1.2 系统响应时间

待测 CEMS 运行稳定后，按照系统设定采样流量通入零点气体，待读数稳定后按照相同流量通入量程校准气体，同时用秒表开始计时；观察分析仪示值，至读数开始跃变止，记录并计算样气管路传输时间 T_1；继续观察并记录待测分析仪器显示值上升至标准气体浓度标称值 90% 时的仪表响应时间 T_2；系统响应时间为 T_1 和 T_2 之和。系统响应时间每天测试 1 次，重复测试 3 天，平均值应符合 6.2.1.2 的要求。

7.2.3.1.3 24 h 零点漂移和量程漂移

待测 CEMS 运行稳定后，通入零点气体，记录分析仪器零点稳定读数为 Z_0；然后通入量程校准气体，记录稳定读数 S_0。通气结束后，待测 CEMS 连续运行 24 h（期间不允许任何校准和维护）后重复上述操作，并分别记录稳定后读数 Z_n 和 S_n。分别按公式（3）、（4）、（5）和（6）计算待测 CEMS 的 24 h 零点漂移 Z_d 和 24 h 量程漂移 S_d，然后可对待测 CEMS 进行零点和量程校准（如果不校准可将本次零点和量程测量值作为 CEMS 运行 24 h 后零点和量程漂移测试的初始值 Z_0 和 S_0）。检测期间，全部 24 h 零点漂移值 Z_d 和 24 h 量程漂移 S_d 均应符合 6.2.1.3 的要求。

7.2.3.1.4 准确度

当 24 h 零点漂移、量程漂移和示值误差检测通过并且生产设施达到最大生产能力 50% 以上时，可进行准确度检测。

a）待测 CEMS 运行稳定后，分别进行零点校准和满量程校准。

b）待测 CEMS 与参比测试方法同步对污染物排放气态污染物进行测量，由数据采集器每分钟记录 1 个累积测量值，连续记录至参比方法测试结束。

c）取同一时间区间内（一般为 3 ~ 15 min）参比方法与 CEMS 测量结果平均值组成一个数据对，确保参比方法与 CEMS 测量数据在同一条件下（烟气温度、压力、湿度和含氧量等，一般取标态干基浓度）。

d）每天获取至少 9 组以上数据对，用于准确度计算。

e）当参比方法测量烟气中气态污染物浓度平均值 < 250 μmol/mol 时，计算全部数据对 CEMS 与参比方法测量数据平均值的绝对误差的绝对值或相对误差的绝对值，应符合 6.2.1.4 的要求。

f）当参比方法测量烟气中气态污染物浓度平均值 ≥ 250 μmol/mol 时，按公式（17）~（22）计算全部数据对 CEMS 与参比方法测量数据的相对准确度，应符合 6.2.1.4 的要求。

$$RA = \frac{\left|\overline{d}\right| + \left|cc\right|}{\overline{RM}} \times 100\% \tag{17}$$

式中：RA——相对准确度，%；

$\overline{RM}$——参比方法全部数据对测量结果的平均值，ppm（mg/m³）；

$\overline{d}$——CEMS 与参比方法测量各数据对差的平均值，ppm（mg/m³）；

cc——置信系数，ppm（mg/m³）。

$$\overline{RM} = \frac{1}{n}\sum_{i=1}^{n}RM_i \tag{18}$$

式中：RM_i——第 i 个数据对中的参比方法测量值，ppm（mg/m³）；

i——数据对的序号（$i =1 \sim n$）；

n——数据对的个数（$n \geqslant 9$）。

$$\overline{d} = \frac{1}{n}\sum_{i=1}^{n}d_i \tag{19}$$

$$d_i = RM_i - CEMS_i \tag{20}$$

式中：d_i——每个数据对参比方法与 CEMS 测量值之差，ppm（mg/m³）；

$CEMS_i$——第 i 个数据对中的 CEMS 测量值，ppm（mg/m³）。

注：在计算数据对差的和时，保留数据差值的正、负号。

$$cc = \pm t_{f,0.95}\frac{S_d}{\sqrt{n}} \tag{21}$$

式中：$t_{f,0.95}$——统计常数，由 t 表（见表2）查得，$f=n-1$；

S_d——$CEMS$ 与参比方法测量各数据对差的标准偏差，ppm（mg/m³）

$$S_d = \sqrt{\frac{\sum_{i=1}^{n}(d_i - \overline{d})^2}{n-1}} \tag{22}$$

表2 计算置信区间和允许区间参数表

f	t_f	v_f	n''	$u_{n''}(75)$
8	2.306	1.711 0	8	1.233
9	2.262	1.645 2	9	1.214
10	2.228	1.593 1	10	1.208
11	2.201	1.550 6	11	1.203
12	2.179	1.515 3	12	1.199
13	2.160	1.485 4	13	1.195
14	2.145	1.459 7	14	1.192
15	2.131	1.437 3	15	1.189
16	2.120	1.417 6	16	1.187
17	2.110	1.400 1	17	1.185
18	2.101	1.384 5	18	1.183
19	2.093	1.370 4	19	1.181
20	2.086	1.357 6	20	1.179
21	2.080	1.346 0	21	1.178
22	2.074	1.335 3	22	1.177
23	2.069	1.325 5	23	1.175
24	2.064	1.316 5	24	1.174
25	2.060	1.308 1	25	1.173
30	2.042	1.273 7	30	1.170
35	2.030	1.248 2	35	1.167
40	2.021	1.228 4	40	1.165

（续表）

f	t_f	v_f	n''	$u_{n'}(75)$
45	2.014	1.212 5	45	1.163
50	2.009	1.199 3	50	1.162

7.2.3.2 颗粒物 CEMS

7.2.3.2.1 24 h 零点漂移和量程漂移

待测 CEMS 运行稳定后，使用零点校准部件调零，并记录仪器零点稳定读数为 Z_0；然后切换至量程校准部件，记录稳定读数 S_0。然后，待测仪器连续运行 24 h（期间不允许任何校准和维护）后重复上述操作，并分别记录稳定后读数 Z_n 和 S_n。分别按公式（3）、（4）、（5）和（6）计算待测 CEMS 的 24 h 零点漂移 Z_d 和 24 h 量程漂移 S_d，然后可对待测 CEMS 进行零点和量程校准。检测期间 24 h 零点漂移值 Z_d 和 24 h 量程漂移 S_d 的最大值应符合 6.2.2.1 的要求。

7.2.3.2.2 相关校准

a）待测 CEMS 运行稳定后，分别进行零点校准和满量程校准。

b）待测 CEMS 与参比采样测试方法同步对污染物排放颗粒物进行测量，应协调参比方法采样和颗粒物 CEMS 测量的开始和停止时间，由数据采集和处理单元至少每分钟记录 1 个 CEMS 累积测量值，连续记录至参比方法采样结束。

c）取同一时间区间内（一般用参比方法一个样品的采集时间）参比方法与 CEMS 测量平均值组成一个数据对。

d）整个相关校准必须获得至少 15 个有效的测试数据对。当相关校准测试的数据对大于 15 个时，可以舍弃部分测试数据对。舍弃 5 个以内数据对不需要任何解释；而当舍弃数据对超过 5 个时，则必须解释舍弃的原因。且必须记录所有数据对，包括舍弃的数据对。

e）测试期间，应注意排放源和（或）治理设施和颗粒物 CEMS 的运行状态，确保设施和颗粒物 CEMS 及其数据采集和处理单元运行正常。

f）颗粒物 CEMS 相关校准过程应确保完成相关校准的测试数据在测量范围内分布均匀合理。可通过改变过程操作条件、颗粒物治理设备的运行参数或通过颗粒物加标等方式获得至少 3 种不同浓度范围的颗粒物样品；确保 3 种不同浓度水平的颗粒物分布在整个测量范围内；一般在（0 ~ 50%）满量程值、（25% ~ 75%）满量程值、（50% ~ 100%）满量程值 3 个范围各分布全部测试数据的 20% 以上。

g）相关校准的计算过程。

①相关校准前的计算

首先将参比方法测量值 Y（合适的单位）与颗粒物 CEMS 平均响应 X（一段时间内平均值）配对，配对的数据必须符合质量控制 / 质量保证要求。

i.测量前调整颗粒物 CEMS 的输出和参比方法采样测试数据至统一时钟时间（考虑颗粒物 CEMS 的响应时间）。

ii.计算颗粒物 CEMS 在参比方法测试期间的数据输出，评价所有的颗粒物 CEMS 数据并确定在计算颗粒物 CEMS 数据平均值时是否舍弃。

iii.确保参比方法和颗粒物 CEMS 的测量结果基于同样的烟气状态，将参比方法颗粒物浓度测量数据状态（一般是干基标态）向颗粒物 CEMS 测量数据 状态转换。

②线性相关校准计算

在进行相关校准计算时，参比方法的每个测量值均被处理做离散的数据点。

i.计算线性相关校准方程，方程给出了作为颗粒物 CEMS 响应 X 的函数的预测颗粒物浓度 $\hat{Y}$，如公式（23）所示：

$$\hat{Y}=a+bX \tag{23}$$

式中：$\hat{Y}$——预测颗粒物浓度，mg/m^3；

　　　a——线性相关校准曲线截距；

　　　b——线性相关校准曲线斜率；

　　　X——颗粒物 CEMS 响应值（测量值），无量纲。

ii.截距计算如公式（24）、公式（25）、公式（26）所示：

$$a=\overline{Y}-\overline{bX} \tag{24}$$

式中：$\overline{X}$——颗粒物 CEMS 全部测量数据的平均值，mg/m^3；

　　　$\overline{Y}$——颗粒物参比采样测试全部测量数据的平均值，mg/m^3。

$$\overline{X}=\frac{1}{n}\sum_{i=1}^{n}X_i \tag{25}$$

$$\overline{Y}=\frac{1}{n}\sum_{i=1}^{n}Y_i \tag{26}$$

式中：X_i——第 i 个数据对中颗粒物 CEMS 的测量值，mg/m^3；

　　　Y_i——第 i 个数据对中颗粒物参比采样测量值，mg/m^3；

　　　i——数据对的序号（$i=1\sim n$）。

　　　n——数据对的个数（$n\geq 15$）。

iii.斜率计算如公式（27）所示：

$$b=\frac{\sum_{i=1}^{n}\left(X_i-\overline{X}\right)\left(Y_i-\overline{Y}\right)}{\sum_{i=1}^{n}\left(X_i-\overline{X}\right)^2} \tag{27}$$

iv.平均值 X 处的预测颗粒物浓度,其95% 置信区间半宽计算如公式（28）和（29）所示：

$$CI=t_{df,1-a/2}S_E\sqrt{\frac{1}{n}} \tag{27}$$

式中：CI——平均值 X 处的95% 置信区间半宽，mg/m^3；

$t_{df,1-a/2}$——d_f 为 $n-2$ 的统计 t 值，查表2；

S_E——相关校准曲线的精密度，mg/m^3。

$$S_E = \sqrt{\frac{1}{n-2}\sum_{i=1}^{n}\left(\hat{Y}_i - Y_i\right)^2} \qquad (29)$$

v. 在平均值 X 处，作为排放限值（或检测均值）百分比的置信区间半宽计算如公式（30）所示，应符合 6.2.2.2 b）的要求。

$$CI\% = \frac{CI}{EL} \times 100\% \qquad (30)$$

式中：EL——排放源的颗粒物浓度排放限值，mg/m^3。

注：当颗粒物排放限值小于颗粒物参比采样测试全部测量有效数据的平均值时，EL 值取颗粒物参比采样测试全部测量有效数据的平均值。

vi. 在平均值 X 处，允许区间半宽计算如公式（31）和（32）所示：

$$TI = k_t S_E \qquad (31)$$

式中：TI——在平均值 X 处允许区间半宽，mg/m^3；

k_t——统计常数。

$$k_t = u_{n''} \cdot V_{df} \qquad (32)$$

式中：n''——数据对的个数（$n \geqslant 15$）

$u_{n''}$——75% 允许因子，查表 2；

V_{df}——df 为 $n-2$，查表 2。

vii. 在平均值 X 处，作为排放限值（或检测均值）百分比的允许区间半宽计算如公式（33）所示，应符合 6.2.2.2 c）的要求。

$$TI\% = \frac{TI}{EL} \times 100\% \qquad (33)$$

viii. 相关系数计算如公式（34）所示，应符合 6.2.2.2 a）的要求。颗粒物 CEMS 相关校准实例参见附录 C。

$$r = \sqrt{1 - \frac{(n-1) \times \sum_{i=1}^{n}\left(\hat{Y}_i - Y_i\right)^2}{(n-2) \times \sum_{i=1}^{n}\left(Y_i - \overline{Y}\right)^2}} \qquad (34)$$

7.2.3.2.3 准确度

a）复检期间，生产设备、治理设施正常运行，可进行准确度检测。

b）将 7.2.3.2.2 获得的符合要求的校准曲线斜率和截距输入 CEMS 参数设置，对颗粒物 CEMS 测量结果进行校准修正。

c）检测过程同 7.2.3.2.2 中 a）~ c），至少获得 5 个有效数据对；当多于 5 个时可适当舍去 1 ~ 2 个数据对，但必须报告记录全部数据对，包括舍去的数据对和舍弃原因。

d）准确度计算，将每天参比方法采样测量值与同时间段内 CEMS 测量值全部数据对的平均值（标态干基浓度）进行比较，计算两者的绝对误差或相对误差，应符合 6.2.2.3 的要求。

7.2.3.3 烟气流速连续测量系统

7.2.3.3.1 速度场系数精密度

a）由参比方法测量断面烟气平均流速和同时间区间烟气流速连续测量系统测量断面某一固定点或线上的烟气平均流速，可按公式（35）确定速度场系数：

$$K_v = \frac{F_s}{F_p} \times \frac{\overline{V}_s}{\overline{V}_p}$$ （35）

式中：K_v——速度场系数；

F_s——参比方法测量断面的横截面积，m^2；

F_p——烟气流速连续测量系统测量断面的横截面积，m^2；

$\overline{V}_s$——参比方法测量断面的平均流速，m/s；

$\overline{V}_p$——烟气流速连续测量系统测量断面的流速，m/s。

b）待测烟气流速连续测量系统与参比测试方法同步测量烟气流速，由数据采集器每分钟记录1个流速连续测量系统累积测量值，连续记录至参比方法测量结束。

c）取同一时间区间内（一般用参比方法一个样品的测量时间）参比方法与烟气流速连续测量系统测量平均值组成一个数据对，计算速度场系数。

d）现场检测初检期间每天至少获得5个速度场系数，计算速度场系数日平均值 $\overline{K}_v$，当数据多于5个时可舍去1～2个数据，但必须报告所有的数据，包括舍去的数据和原因。重复测试至少4天，按公式（36）计算速度场系数日均值的平均值 $\overline{\overline{K}}_v$。

$$\overline{\overline{K}}_v = \frac{\sum_{i=1}^{n} \overline{K}_{vi}}{n}$$ （35）

式中：$\overline{\overline{K}}_v$——检测期间测试速度场系数日均值的平均值；

$\overline{K}_{vi}$——每天获得速度场系数的日均值；

i——测试每天的序号（$i=1～n$）。

n——检测天数（$n \geq 4$）。

e）按公式（37）和（38）计算速度场系数精密度 C_v，应符合6.2.3.2的要求。

$$C_v = \frac{S}{\overline{\overline{K}}_v} \times 100\%$$ （37）

$$S = \sqrt{\frac{\sum_{i=1}^{n} \left(\overline{K}_{vi} - \overline{\overline{K}}_v\right)^2}{n-1}}$$ （38）

式中：C_v——速度场系数精密度，%；

S——检测期间测试速度场系数日均值的标准偏差，m/s。

7.2.3.3.2 准确度

a）复检期间，可进行准确度检测。

b）将 7.2.3.3.1 获得的符合要求的速度场系数平均值 $\overline{\overline{K_v}}$ 输入 CEMS 参数设置，对烟气流速连续测量系统测量结果进行修正。

c）检测过程同 7.2.3.3.1 中 b），至少获得 5 个有效数据对；当多于 5 个时可适当舍去 1 ~ 2 个数据对，但必须报告记录全部数据对，包括舍去的数据对和舍弃原因。

d）准确度计算，将每天参比方法测量值与输入速度场系数后的 CEMS 测量值数据对的平均值进行比较，计算两者的相对误差，应符合 6.2.3.3 的要求。

7.2.3.4 烟气温度连续测量系统

7.2.3.4.1 准确度

a）待测烟气温度连续测量系统与参比测试方法同步测量烟气温度，由数据采集器每分钟记录 1 个温度连续测量系统累积测量值，连续记录至参比方法测量结束。

b）取同一时间区间内（一般用参比方法一个样品的测量时间）参比方法与烟气温度连续测量系统测量平均值组成一个数据对，每天至少获得 5 个有效数据对；当多于 5 个时可适当舍去 1 ~ 2 个数据对，但必须报告记录全部数据对，包括舍去的数据对和舍弃 原因。

c）准确度计算，将每天参比方法测量值与 CEMS 测量值数据对的平均值进行比较，计算两者的绝对误差，应符合 6.2.4 的要求。

7.2.3.5 烟气湿度连续测量系统

7.2.3.5.1 准确度

a）待测烟气湿度连续测量系统与参比测试方法同步测量烟气湿度，由数据采集器每分钟记录 1 个湿度连续测量系统累积测量值，连续记录至参比方法测量结束。

b）取同一时间区间内（一般用参比方法一个样品的测量时间）参比方法与烟气湿度连续测量系统测量平均值组成一个数据对，每天至少获得 5 个有效数据对；当多于 5 个时可适当舍去 1 ~ 2 个数据对，但必须报告记录全部数据对，包括舍去的数据对和舍弃原因。

c）准确度计算，将每天参比方法测量值与 CEMS 测量值数据对的平均值进行比较，计算两者的绝对误差或相对误差，应符合 6.2.5.1 的要求。

d）采用氧传感器通过测量烟气含氧量计算得到烟气湿度的 CEMS，其氧传感器应首先按照 7.2.3.1.1 ~ 7.2.3.1.3 的检测方法检测氧气的各项指标；合格后，再按照 7.2.3.5.1 中 a）~ c）进行湿度准确度的检测，烟气湿度的计算方法参见公式（39）。

$$X_{sw} = 1 - \frac{C'_{O_2}}{C_{O_2}} \qquad （39）$$

式中：X_{sw} ——烟气绝对湿度（含水量），% ；

C'_{O_2} ——湿烟气中氧气的体积浓度（湿氧值），% ；

C_{O_2} ——干烟气中氧气的体积浓度（干氧值），% 。

8 质量保证

8.1 安装质量保证

8.1.1 安装位置和现场配套环境条件应符合 HJ 75 的相关要求，当对颗粒物 CEMS 进行相关校准达不到技术要求时，应作如下检查：

a）参比方法的测试过程；

b）采样位置；

c）采样仪器的可靠性；

d）固定污染源运行状况，特别是净化设施的运行状况；

e）颗粒物组成、分布的变化；

f）校准数据的数量和数据的分布。

经检查排除安装位置以外的其他原因时，应选择符合要求的位置安装 CEMS，重新进行检测。

8.1.2 原则上要求一个固定污染源安装一套 CEMS。若一个固定污染源排气先通过多个烟道或管道后进入该固定污染源的总排气管时，应尽可能将 CEMS 安装在总排气管上，但要便于用参比方法校准颗粒物 CEMS 和烟气流速连续监测系统；不得只在其中的一个烟道或管道上安装 CEMS，并将测定值作为该源的排放结果；但允许在每个烟道或管道上安装相同的监测系统。

8.1.3 污染源排放烟囱或烟道设置的采样平台和爬梯应符合 HJ 75 的相关要求，采样平台应易于到达，有足够的工作空间，安全且便于操作；必须牢固并有符合要求的安全措施；采样平台设置在高空时，应有通往平台的折梯、旋梯或升降梯。

8.1.4 气态污染物 CEMS 准确度达不到要求，应查明原因并解决；若无法查明原因，可按公式（40）和（41）对 CEMS 测量数据进行调节；经调节仍不能准确测量时，应选择有代表性的位置安装 CEMS，重新进行检测。

$$CEMS_{ad} = CEMS \times E_{ac} \qquad (40)$$

式中：$CEMS_{ad}$——CEMS 调节后的数据，ppm（mg/m³）

$CEMS$ = CEMS 测量数据，ppm（mg/m³）

E_{ac}——偏差调节系数。

$$E_{ac} = 1 + \frac{\overline{d}}{\overline{CEMS}} \qquad (41)$$

式中：$\overline{d}$——CEMS 与参比方法测量各数据对差的平均值，ppm（mg/m³）

$\overline{CEMS}$——CEMS 全部数据对测量结果的平均值，ppm（mg/m³）。

8.2 检测质量保证

8.2.1 CEMS 检测应在固定污染源正常排放污染物条件下进行。初检和复检时，必须有专人负责监督工况，排污单位应根据相关校准工作的要求调整工况或净化设备的运行参数，在测试期间保持相对稳定。

8.2.2 应使用等速跟踪烟尘采样器进行颗粒物手工采样及颗粒物 CEMS 相关校准和准确度测试，初检和复检应尽可能使用同一台采样器和同一根采样枪。在测量前进行流量和气密性等运行检查，保证采样器功能正常。使用参比方法测量断面颗粒物样品的采样、称量和计算过程应符合 GB/T 16157、HJ 836 及其他相关国家标准的要求。

8.2.3 为了保证获得气态污染物参比方法与 CEMS 在同时间区间的测定数据，对于完全抽取式和稀释抽取式气态污染物 CEMS，必要时可扣除参比方法测量气态污染物到达污染物检测器的时间（滞后时间）和 CEMS 的管路传输时间。气态污染物到达污染物检测器的时间可按公式（42）估算。

$$t = V / Q_{sl} \tag{42}$$

式中：t——滞后时间，min；

V——导气管的体积，L；

Q_{sl}——气体通过导气管的流速，L/min。

8.2.4 参比测量方法应采用国家或行业发布的标准分析方法。气态污染物参比方法测试可采用仪器分析法，方法原理及操作参见附录 D；仪器分析法测量气态污染物时，采样测量前、后均需用标准气体进行校准或校验。

8.2.5 对于完全抽取式和稀释抽取式气态污染物 CEMS，当进行零点和量程校准时，原则上 要求零气和标准气体与样品气体通过的路径（如：采样管、过滤器、洗绦器、调节器）相同。

8.2.6 对于直接测量式气态污染物 CEMS，当进行零点和量程校准时，原则上要求导入流动 零气和标准气体进行校准。

8.2.7 颗粒物 CEMS 相关校准时，应协调和记录参比方法取样和颗粒物 CEMS 操作的开始和停止的时间。对于间歇取样和测量的颗粒物 CEMS，参比方法取样时间应和颗粒物 CEMS 的取样时间同时开始。必要时，应标记并记录参比方法取样孔改变的时间和参比方法被暂停的时间，以便相应的调整颗粒物 CEMS 的数据，分析颗粒物 CEMS 相关校准操作。

8.3 运行期质量保证

CEMS 至少进行 90 天的运行，运行期间对 CEMS 质量保证提出以下基本要求。

8.3.1 气态污染物 CEMS（含 O_2）

a）不超过 15 天用零气和高浓度标准气体或校准装置校准一次系统零点和量程，此期间的零点和量程漂移应符合本标准 6.2.1.3 的要求；

b）不超过 3 个月更换一次采样探头滤料，不超过 3 个月更换一次净化稀释空气的除湿、滤尘等的材料；

c）必须使用在有效期内的标准物质；

d）必须每天放空空气压缩机内冷凝水；

e）直接测量气态污染物 CEMS，与 8.3.2 中 d）要求相同。

8.3.2 颗粒物 CEMS

a）具有自动校准功能的系统，应不超过 24 h 自动检测一次系统零点和量程，此期间的零点和量程漂移应符合本标准 6.2.2.1 的要求；

b）手动校准的系统，应不超过 15 天用校准装置校正系统的零点和量程，此期间的零点和量程漂移也应符合本标准 6.2.2.1 的要求；

c）不超过 1 个月更换一次空气过滤器；

d）不超过 3 个月清洗一次隔离烟气与光学探头的玻璃视窗，检查一次系统光路的准直情况。

8.3.3 烟气流速连续测量系统

a）具有自动校准功能的系统，应不超过 24 h 自动检查一次系统零点和（或）量程。

b）手动校准的系统，不超过 3 个月从烟道或管道取出测速探头，人工清除沉积在上面的烟尘并用校准装置校正系统的零点和（或）量程。

9 检测项目

固定污染源烟气（SO_2、NO_x、颗粒物）排放连续监测系统检测项目见表 3 和表 4。实验室检测和现场检测的相关记录表格参见附录 G。

表 3 固定污染源烟气（SO_2、NO_x、颗粒物）排放连续监测系统实验室检测项目

检测项目		技术要求
二氧化硫监测单元	仪表响应时间（上升时间和下降时间）	≤ 120 s
	重复性	≤ 2%
	线性误差	±2%F.S.
	24 h 零点漂移和量程漂移	±2%F.S.
	一周零点漂移和量程漂移	±3%F.S.
	环境温度变化的影响	±5%F.S.
	进样流量变化的影响	±2%F.S.
	供电电压变化的影响	±2%F.S.
	干扰成分的影响	±5%F.S.
	振动的影响	±2%F.S.
	平行性	≤ 5%
氮氧化物监测单元	仪表响应时间（上升时间和下降时间）	≤ 120 s
	重复性	≤ 2%
	线性误差	±2%F.S.
	24 h 零点漂移和量程漂移	±2%FS.
	一周零点漂移和量程漂移	±3%F.S.
	环境温度变化的影响	±5%F.S.
	进样流量变化的影响	±2%F.S.
	供电电压变化的影响	±2%F.S.
	干扰成分的影响	±5%F.S.
	振动的影响	±2%F.S.
	二氧化氮转换效率	≥ 95%
	平行性	≤ 5%

检测项目		技术要求
氧气监测单元	仪表响应时间（上升时间和下降时间）	≤120 s
	重复性	≤2%
	线性误差	±2%F.S.
	24 h 零点漂移和量程漂移	±2%F.S.
	一周零点漂移和量程漂移	±3%F.S.
	环境温度变化的影响	±5%F.S.
	进样流量变化的影响	±2%F.S.
	供电电压变化的影响	±2%F.S.
	干扰成分的影响	±5%F.S.
	振动的影响	±2%F.S.
	平行性	≤5%
颗粒物监测单元	重复性	≤2%
	24 h 零点漂移和量程漂移	±2%F.S.
	一周零点漂移和量程漂移	±3%F.S.
	环境温度变化的影响	±5%F.S.
	供电电压变化的影响	±2%F.S.
	振动的影响	±2%F.S.
	检出限（满量程≤50 mg/m）	≤1.0 mg/m³

注：F.S. 表示满量程，氮氧化物以 NO_2 计。

表 4 固定污染源烟气（SO_2、NO_x、颗粒物）排放连续监测系统现场检测项目

检测项目			技术要求
二氧化硫 CEMS	初检期间	示值误差	满量程≥100 μmol/mol（286 mg/m³）时，±5%（标称值） 满量程＜100 μmol/mol（286 mg/m³）时，±2.5%F.S.
		系统响应时间	≤200 s
		24 h 零点漂移和量程漂移	±2.5%F.S.
		准确度	排放浓度平均值： ≥250 μmol/mol（715 mg/m³）时，相对准确度≤15% ≥50 μmol/mol（143 mg/m³）～＜250 μmol/mol（715 mg/m³）时，绝对误差≤20 μmol/mol（57 mg/m³） ≥20 μmol/mol（57 mg/m³）～＜50 μmol/mol（143 mg/m³）时，相对误差≤30% ＜20 μmol/mol（57 mg/m³）时，绝对误差≤6 μmol/mol（17 mg/m³）
	复检期间	24 h 零点漂移和量程漂移	±2.5%F.S.
		准确度	排放浓度平均值： ≥250 μmol/mol（715 mg/m³）时，相对准确度≤15% ≥50 μmol/mol（143 mg/m³）～＜250 μmol/mol（715 mg/m³）时，绝对误差≤20 μmol/mol（57 mg/m³） ≥20 μmol/mol（57mg/m³）～＜50 μmol/mol（143 mg/m³）时，相对误差≤30% ＜20 μmol/mol（57 mg/m³）时，绝对误差≤6 μmol/mol（17 mg/m³）

检测项目			技术要求
氮氧化物 CEMS	初检期间	示值误差	当满量程≥200 μmol/mol（410 mg/m³）时，±5%（标称值）；当满量程＜200 μmol/mol（410 mg/m³）时，±2.5%F.S.
		系统响应时间	≤200 s
		24 h 零点漂移和量程漂移	±2.5%F.S.
		准确度	排放浓度平均值： ≥250 μmol/mol（513 mg/m³）时，相对准确度≤15% ≥50 μmol/mol（103 mg/m³）～＜250 μmol/mol（513 mg/m³）时，绝对误差≤20 μmol/mol（41 mg/m³） ≥20 μmol/mol（41 mg/m³）～＜50 μmol/mol（103 mg/m³）时，相对误差≤30% ＜20 μmol/mol（41 mg/m³）时，绝对误差≤6 μmol/mol（12 mg/m³）
	复检期间	24 h 零点漂移和量程漂移	±2.5%F.S.
		准确度	排放浓度平均值： ≥250 μmol/mol（513 mg/m³）时，相对准确度≤15% ≥50 μmol/mol（103 mg/m³）～＜250 μmol/mol（513 mg/m³）时，绝对误差≤20 μmol/mol（41 mg/m³） ≥20 μmol/mol（41 mg/m³）～＜50 μmol/mol（103 mg/m³）时，相对误差≤30% ＜20 μmol/mol（41 mg/m³）时，绝对误差≤6 μmol/mol（12 mg/m³）
氧气 CMS	检测期间	示值误差	±5%（标称值）
		系统响应时间	≤200 s
		24 h 零点漂移和量程漂移	±2.5%F.S.
		准确度	相对准确度≤15%
	复检期间	24 h 零点漂移和量程漂移	±2.5%F.S.
		准确度	相对准确度≤15%
颗粒物 CEMS	初检期间	24 h 零点漂移和量程漂移	±2%F.S.
		相关系数	≥0.85 当测量范围上限≤50 mg/m³时，≥0.75
		置信区间半宽	≤10%
		允许区间半宽	≤25%
	复检期间	24 h 零点漂移和量程漂移	±2%F.S.
		准确度	排放浓度平均值： ＞200 mg/m³时，相对误差为±15% ＞100 mg/m³～≤200 mg/m³时，相对误差为±20% ＞50 mg/m³～≤100 mg/m³时，相对误差为±25% ＞20 mg/m³～≤50 mg/m³时，相对误差为±30% ＞10 mg/m³～≤20 mg/m³时，绝对误差为±6 mg/m³ ≤10 mg/m³时，绝对误差为±5 mg/m³
流速连续监测系统	初检期间	速度场系数精密度	≤5%
	复检期间	准确度	烟气流速平均值： ＞10 m/s时，相对误差为±10% ≤10 m/s时，相对误差为±12%

（续表）

检测项目			技术要求
温度连续监测系统	初检期间	准确度	±3℃
	复检期间	准确度	±3℃
湿度连续监测系统	初检期间	准确度	烟气湿度平均值： ＞5.0% 时，相对误差为 ±25%； ≤5.0% 时，绝对误差为 ±1.5%
	复检期间	准确度	烟气湿度平均值： ＞5.0% 时，相对误差为 ±25%； ≤5.0% 时，绝对误差为 ±1.5%

注：F. S. 表示满量程，氮氧化物以 NO_2 计。

中华人民共和国国家环境保护标准

HJ 353—2019
代替 HJ/T 353—2007

水污染源在线监测系统

（COD$_{Cr}$、NH$_3$-N 等）安装技术规范

Technical specification for installation of

wastewater on-line monitoring system (COD$_{Cr}$, NH$_3$-N et al.)

（发布稿）

2019-12-24 发布   2020-03-24 实施

生 态 环 境 部 发布

目次

前言

为贯彻《中华人民共和国环境保护法》和《中华人民共和国水污染防治法》，保护生态环境，保障人体健康，实施污染源污染物排放监测，规范水污染源在线监测系统的安装技术要求，制定本标准。

本标准规定了水污染源在线监测系统的组成部分，水污染源排放口、流量监测单元、监测站房、水质自动采样单元及数据控制单元的建设要求，流量计、水质自动采样器及水质自动分析仪的安装要求，以及水污染源在线监测系统的调试、试运行技术要求。

本标准是对《水污染源在线监测系统安装技术规范（试行）》（HJ/T 353—2007）的修订。本标准首次发布于 2007 年，原起草单位为上海市环境监测中心。本次为第一次修订。本次修订的主要内容如下：

——名称修改为《水污染源在线监测系统（COD$_{Cr}$、NH$_3$–N 等）安装技术规范》；

——删除了数据采集传输仪和 UV 水质自动监测仪的安装要求；

——增加了水污染源在线监测系统组成部分的规定；

——增加了流量监测单元、水质自动采样单元及数据控制单元建设要求；

——增加了电磁流量计、总氮（TN）水质自动分析仪的安装要求；

——增加了监测站房布局图（推荐）、调试报告、试运行报告等相关技术图表；

——修改了污染源排放口和监测站房建设要求；

——修改了水质自动采样器、超声波明渠流量计、化学需氧量（COD$_{Cr}$）、总有机碳（TOC）、氨氮（NH$_3$–N）、总磷（TP）、pH 水质自动分析仪及温度计的安装要求。

自本标准实施之日起，《水污染源在线监测系统安装技术规范（试行）》（HJ/T353—2007）废止。

本标准的附录 A 为规范性附录，附录 B ~ G 为资料性附录。

本标准由生态环境部生态环境监测司、法规与标准司组织制订。

本标准起草单位：中国环境监测总站、上海市环境监测中心和湖南省生态环境监测中心。

本标准生态环境部 2019 年 12 月 24 日批准。

本标准自 2020 年 3 月 24 日起实施。

本标准由生态环境部解释。

水污染源在线监测系统（COD$_{cr}$、NH$_3$-N 等）安装技术规范

1 适用范围

本标准规定了水污染源在线监测系统的组成部分，水污染源排放口、流量监测单元、监测站房、水质自动采样单元及数据控制单元的建设要求，流量计、水质自动采样器及水质自动分析仪的安装要求，以及水污染源在线监测系统的调试、试运行技术要求。

本标准适用于水污染源在线监测系统各组成部分的建设，以及所采用的流量计、水质自动采样器、化学需氧量（COD$_{Cr}$）水质自动分析仪、总有机碳（TOC）水质自动分析仪、氨氮（NH$_3$-N）水质自动分析仪、总磷（TP）水质自动分析仪、总氮（TN）水质自动分析仪、温度计、pH 水质自动分析仪等水污染源在线监测仪器的安装、调试及试运行。

本标准所规范的水污染源在线监测系统适用于化学需氧量（COD$_{Cr}$）、氨氮（NH$_3$-N）、总磷（TP）、总氮（TN）、pH、温度及流量监测因子的在线监测。

2 规范性引用文件

本标准引用了下列文件或其中的条款。凡是不注日期的引用文件，其有效版本适用于本标准。

GB 15562.1 环境保护图形标志排放口（源）；

GB 50057 建筑物防雷设计规范；

GB 50093 自动化仪表工程施工及验收规范；

GB 50168 电气装置安装工程电缆线路施工及验收规范；

GB 50169 电气装置安装工程接地装置施工及验收规范；

GB/T 17214 工业过程测量和控制装置工作条件 第 1 部分：气候条件；

HJ 15 超声波明渠污水流量计技术要求及检测方法；

HJ 91.1 污水监测技术规范；

HJ 101 氨氮水质在线自动监测仪技术要求及检测方法；

HJ 212 污染源在线监控（监测）系统数据传输标准；

HJ 354—2019 水污染源在线监测系统（COD$_{Cr}$、NH$_3$-N 等）验收技术规范；

HJ 355—2019 水污染源在线监测系统（COD$_{Cr}$、NH$_3$-N 等）运行技术规范；

HJ 377 化学需氧量（COD$_{Cr}$）水质在线自动监测仪技术要求及检测方法；

HJ 477 污染源在线自动监控（监测）数据采集传输仪技术要求；

HJ 828 水质 化学需氧量的测定 重铬酸盐法；

HJ/T 70 高氯废水 化学需氧量的测定 氯气校正法；

HJ/T 96 pH 水质自动分析仪技术要求；

HJ/T 102 总氮水质自动分析仪技术要求；

HJ/T 103 总磷水质自动分析仪技术要求；

HJ/T 104 总有机碳水质自动分析仪技术要求；

HJ/T 367 环境保护产品技术要求 电磁管道流量计；

HJ/T 372 水质自动采样器技术要求及检测方法；

CJ/T 3008.1 城市排水流量堰槽测量标准三角形薄壁堰；

CJ/T 3008.2 城市排水流量堰槽测量标准矩形薄壁堰；

CJ/T 3008.3 城市排水流量堰槽测量标准巴歇尔量水槽；

DGJ 08-114 临时性建筑物应用技术规程；

JJG 711 明渠堰槽流量计（试行）；

JJF 1048 数据采集系统校准规范。

3 术语和定义

下列术语和定义适用于本标准。

3.1 水污染源在线监测系统 wastewater on-line monitoring system

指由实现水污染源流量监测、水污染源水样采集、分析及分析数据统计与上传等功能的软硬件设施组成的系统。

3.2 水污染源在线监测仪器 wastewater on-line monitoring equipment

指水污染源在线监测系统中用于在线连续监测污染物浓度和排放量的仪器、仪表。

3.3 瞬时水样 instantaneous sample

指某个采样点某时刻一次采集到的水样。

3.4 混合水样 composite sample

指同一个采样点连续或不同时刻多次采集到的水样的混合体。

3.5 水质自动采样单元 automatic water sampling unit

指水污染源在线监测系统中用于实现采集实时水样及混合水样、超标留样、平行监测留样、比对监测留样的单元，供水污染源在线监测仪器分析测试。

3.6 数据控制单元 data control unit

指实现控制整个水污染源在线监测系统内部仪器设备联动，自动完成水污染源在线监测仪器的数据采集、整理、输出及上传至监控中心平台，接受监控中心平台命令控制水污染源在线监测仪器运行等功能的单元。

4 水污染源在线监测系统组成

水污染源在线监测系统主要由四部分组成：流量监测单元、水质自动采样单元、水污染源在线监测仪器、数据控制单元以及相应的建筑设施等，见图 1。

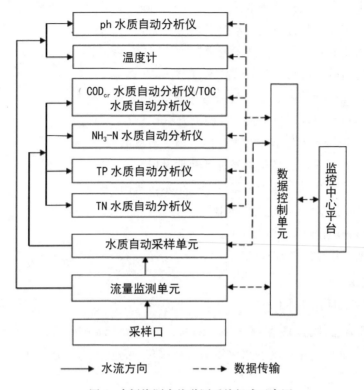

图 1　水污染源在线监测系统组成示意图

注：根据污染源现场排放水样的不同，COD_{Cr} 参数的测定可以选择 COD_{Cr} 水质自动分析仪或 TOC 水质自动分析仪，TOC 水质自动分析仪通过转换系数报 COD_{Cr} 的监测值，并参照 COD_{Cr} 水质自动分析仪的方法进行安装、调试、试运行、运行维护等。

5 建设要求

5.1 水污染源排放口

5.1.1 按照 HJ 91.1 中的布设原则选择水污染源排放口位置。

5.1.2 排放口依照 GB 15562.1 的要求设置环境保护图形标志牌。

5.1.3 排放口应能满足流量监测单元建设要求。

5.1.4 排放口应能满足水质自动采样单元建设要求。

5.1.5 用暗管或暗渠排污的，需设置能满足人工采样条件的竖井或修建一段明渠，污水面在地面以下超过 1 m 的，应配建采样台阶或梯架。压力管道式排放口应安装满足人工采样条件的取样阀门。

5.2 流量监测单元

5.2.1 需测定流量的排污单位，根据地形和排水方式及排水量大小，应在其排放口上游能包含全部污水束流的位置，修建一段特殊渠（管）道的测流段，以满足测量流量、流速的要求。

5.2.2 一般可安装三角形薄壁堰、矩形薄壁堰、巴歇尔槽等标准化计量堰（槽）。

5.2.3 标准化计量堰（槽）的建设应使：能够清除堰板附近堆积物，能够进行明渠流量计比对工作。

5.2.4 管道流量计的建设应使：管道及周围应留有足够的长度及空间以满足管道流量计的计量检定和手工比对。

5.3 监测站房

5.3.1 应建有专用监测站房，新建监测站房面积应满足不同监控站房的功能需要并保证水污染源在线监测系统的摆放、运转和维护，使用面积应不小于 15 m^2，站房高度不低于 2.8 m，推荐方案见附录 B。

5.3.2 监测站房应尽量靠近采样点，与采样点的距离应小于 50 m。

5.3.3 应安装空调和冬季采暖设备，空调具有来电自启动功能，具备温湿度计，保证室内清洁，环境温度、相对湿度和大气压等应符合 GB/T 17214 的要求。

5.3.4 监测站房内应配置安全合格的配电设备，能提供足够的电力负荷，功率 ≥ 5 kW，站房内应配置稳压电源。

5.3.5 监测站房内应配置合格的给、排水设施，使用符合实验要求的用水清洗仪器及有关装置。

5.3.6 监测站房应配置完善规范的接地装置和避雷措施、防盗和防止人为破坏的设施，接地装置安装工程的施工应满足 GB 50169 的相关要求，建筑物防雷设计应满足 GB 50057 的相关要求。

5.3.7 监测站房应配备灭火器箱、手提式二氧化碳灭火器、干粉灭火器或沙桶等，按消防相关要求布置。

5.3.8 监测站房不应位于通信盲区，应能够实现数据传输。

5.3.9 监测站房的设置应避免对企业安全生产和环境造成影响。

5.3.10 监测站房内、采样口等区域应安装视频监控设备。

5.4 水质自动采样单元

5.4.1 水质自动采样单元具有采集瞬时水样及混合水样，混匀及暂存水样、自动润洗及排空混匀桶，以及留样功能。

5.4.2 pH 水质自动分析仪和温度计应原位测量或测量瞬时水样。

5.4.3 COD_{Cr}、TOC、NH_3–N、TP、TN 水质自动分析仪应测量混合水样。

5.4.4 水质自动采样单元的构造应保证将水样不变质地输送到各水质分析仪，应有必要的防冻和防腐设施。

5.4.5 水质自动采样单元应设置混合水样的人工比对采样口。

5.4.6 水质自动采样单元的管路宜设置为明管，并标注水流方向。

5.4.7 水质自动采样单元的管材应采用优质的聚氯乙烯（PVC）、三丙聚丙烯（PPR）等不影响分析结果的硬管。

5.4.8 采用明渠流量计测量流量时，水质自动采样单元的采水口应设置在堰槽前方，合流后充分混合的场所，并尽量设在流量监测单元标准化计量堰（槽）取水口头部的流路中央，采水口朝向与水流的方向一致，减少采水部前端的堵塞。采水装置宜设置成可随水面的涨落而上下移动的形式。

5.4.9 采样泵应根据采样流量、水质自动采样单元的水头损失及水位差合理选择。应使用寿命长、易维护的，并且对水质参数没有影响的采样泵，安装位置应便于采样泵的维护。

5.5 数据控制单元

5.5.1 数据控制单元可协调统一运行水污染源在线监测系统，采集、储存、显示监测数据及运行日志，向监控中心平台上传污染源监测数据，具体示意图见图2。

5.5.2 数据控制单元可控制水质自动采样单元采样、送样及留样等操作。

5.5.3 数据控制单元触发水污染源在线监测仪器进行测量、标液核查和校准等操作。

5.5.4 数据控制单元读取各个水污染源在线监测仪器的测量数据，并实现实时数据、小时均值和日均值等项目的查询与显示，并通过数据采集传输仪上传至监控中心平台。

5.5.5 数据控制单元记录并上传的污染源监测数据，上报数据应带有时间和数据状态标识，具体参照 HJ 355—2019 中 6.2 条款。

5.5.6 数据控制单元可生成、显示各水污染源在线监测仪器监测数据的日统计表、月统计表和年统计表，具体格式见附录 C。

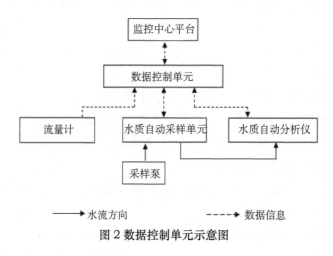

图 2 数据控制单元示意图

6 水污染源在线监测仪器安装要求

6.1 基本要求

6.1.1 工作电压为单相（220 ± 22）V，频率为（50 ± 0.5）Hz。

6.1.2 遵循 RS-232、RS-485，具体要求按照 HJ 212 的规定。

6.1.3 水污染源在线监测系统中所采用的仪器设备应符合国家有关标准和技术要求（见表1）。

表 1 水污染源在线监测仪器技术要求

序号	水污染源在线监测仪器	技术要求
1	超声波明渠污水流量计	HJ 15
2	电磁流量计	HJ/T 367
3	化学需氧量（COD_{Cr}）水质自动分析仪	HJ 377
4	氨氮（NH_3-N）水质自动分析仪	HJ 101
5	总氮（TN）水质自动分析仪	HJ/T 102
6	总磷（TP）水质自动分析仪	HJ/T 103
7	pH 水质自动分析仪	HJ/T 96
8	水质自动采样器	HJ/T 372
9	数据采集传输仪	HJ 477

6.2 其他要求

6.2.1 水污染源在线监测仪器的各种电缆和管路应加保护管，保护管应在地下铺设或空中架设，空中架设的电缆应附着在牢固的桥架上，并在电缆、管路以及电缆和管路的两端设立明显标识。电缆线路的施工应满足 GB 50168 的相关要求。

6.2.2 各仪器应落地或壁挂式安装，有必要的防震措施，保证设备安装牢固稳定。在仪器周围应留有足够空间，方便仪器维护。其它要求参照仪器相应说明书相关内容，应满足 GB 50093 的相关要求。

6.2.3 必要时（如南方的雷电多发区），仪器和电源应设置防雷设施。

6.3 流量计

6.3.1 采用明渠流量计测定流量，应按照 JJG 711、CJ/T 3008.1、CJ/T 3008.2、CJ/T 3008.3 等技术要求修建或安装标准化计量堰（槽），并通过计量部门检定。主要流量堰槽的安装规范见附录 D。

6.3.2 应根据测量流量范围选择合适的标准化计量堰（槽），根据计量堰（槽）的类型确定明渠流量计的安装点位，具体要求如表 2 所示。

表 2 计量堰（槽）的选型及流量计安装点位

序号	堰槽类型	测量流量范围 / (m^3/s)	流量计安装点位
1	巴歇尔槽	$0.1 \times 10^{-3} \sim 93$	应位于堰槽入口段（收缩段）1/3 处
2	三角形薄壁堰	$0.2 \times 10^{-3} \sim 1.8$	应位于堰板上游（3～4）倍最大液位处
3	矩形薄壁堰	$1.4 \times 10^{-3} \sim 49$	应位于堰板上游（3～4）倍最大液位处

6.3.3 采用管道电磁流量计测定流量，应按照 HJ/T 367 等技术要求进行选型、设计和安装，并通过计量部门检定。

6.3.4 电磁流量计在垂直管道上安装时，被测流体的流向应自下而上，在水平管道上安装时，两个测量电极不应在管道的正上方和正下方位置。流量计上游直管段长度和安装支撑方式应符合设计文件要求。管道设计应保证流量计测量部分管道水流时刻满管。

6.3.5 流量计应安装牢固稳定，有必要的防震措施。仪器周围应留有足够空间，方便仪器维护与比对。

6.4 水质自动采样器

6.4.1 水质自动采样器具有采集瞬时水样和混合水样、冷藏保存水样的功能。

6.4.2 水质自动采样器具有远程启动采样、留样及平行监测功能，记录瓶号、时间、平行监测等信息。

6.4.3 水质自动采样器采集的水样量应满足各类水质自动分析仪润洗、分析需求。

6.5 水质自动分析仪

6.5.1 应根据企业废水实际情况选择合适的水质自动分析仪。应根据附录 E 所登记的企业实际排放废水浓度选择合适的水质自动分析仪现场工作量程，具体设置方法参照 HJ 355—2019 中 5.1 章节。

6.5.2 安装高温加热装置的水质自动分析仪，应避开可燃物和严禁烟火的场所。

6.5.3 水质自动分析仪与数据控制系统的电缆连接应可靠稳定，并尽量缩短信号传输距离，减少信号损失。

6.5.4 水质自动分析仪工作所必需的高压气体钢瓶，应稳固固定，防止钢瓶跌倒，有条件的站房可以设置钢瓶间。

6.5.5 COD_{Cr}、TOC、NH_3-N、TP、TN 水质自动分析仪可自动调节零点和校准量程值，两次校准时间间隔不小于 24 h。

6.5.6 根据企业排放废水实际情况，水质自动分析仪可安装过滤等前处理装置，经过前处理装置所安装的过滤等前处理装置应防止过度过滤，过滤后实际水样比对结果满足表 3 要求。

7 调试要求

7.1 基本要求

7.1.1 在完成水污染源在线监测系统的建设之后，需要对流量计、水质自动采样器、水质 自动分析仪进行调试，并联网上报数据。

7.1.2 数据控制单元的显示结果应与测量仪表一致，可方便查阅本标准中规定的各种报表。

7.1.3 明渠流量计采用 HJ 354—2019 中 6.3 章节规定的方法进行流量比对误差和液位比对误差测试。

7.1.4 水质自动采样器采用 HJ 354—2019 中 6.3 章节规定的方法进行采样量误差和温度控制误差测试。

7.1.5 水质自动分析仪应根据排污企业排放浓度选择量程，并在该量程下按照 7.2 的方法进行 24 h 漂移、重复性和示值误差的测试，按照 HJ 354—2019 中 6.3 章节规定的方法进行实际水样比对测试。

7.2 调试方法

7.2.1 24h 漂移

COD_{Cr} 水质自动分析仪、TOC 水质自动分析仪、NH_3–N 水质自动分析仪、TP 水质自动分析仪、TN 水质自动分析仪按照下述方法测定 24 h 漂移。

按照说明书调试仪器，待仪器稳定运行后，水质自动分析仪以离线模式，导入浓度值为现场工作量程上限值 20%、80% 的标准溶液，以 1 h 为周期，连续测定 24 h。在两种浓度下，分别取前 3 次测定值的算术平均值为初始测定值 x_0，按照公式（1）计算后续测定值及与初始测定值 x_0。的变化幅度相对于现场工作量程上限值的百分比 RD，取绝对值最大 RD_{max} 为 24 h 漂移。

$$RD = \frac{x_i - x_0}{A} \times 100\% \qquad （1）$$

式中：RD——漂移，%；

x_i——第 i（$i \geq 3$）次测定值，mg/L；

x_0——前三次测量值的算术平均值，mg/L；

A——工作量程上限值，mg/L。

pH 水质自动分析仪参照下述方法测定 24 h 漂移。

按照说明书调试仪器，待仪器稳定运行后，将 pH 水质自动分析仪的电极浸入 pH=6.865（25 ℃）的标准溶液，读取 5 mm 后的测量值为初始值 x_0，连续测定 24 h，每隔 1 h 记录一个测定瞬时值 x_i，按照公式（2）计算后续测定值 x_i 与初始测定值 x_0 的误差 D，取绝对值最大 D_{max} 为 24 h 漂移。

$$D = x_i - x_0 \qquad （2）$$

式中：D——漂移；

x_i——第 i 次测定值；

x_0——初始值。

7.2.2 重复性

按照说明书调试仪器，待仪器稳定运行后，水质自动分析仪以离线模式，导入浓度值为现场工作量程上限值 50% 的标准溶液，以 1 h 为周期，连续测定该标准溶液 6 次，按公式（3）计算 6 次测定值的相对标准偏差 S_r，即为重复性。

$$S_r = \frac{\sqrt{\dfrac{1}{n-1}\sum_{i=1}^{n}\left(x_i - \bar{x}\right)^2}}{\bar{x}} \times 100\% \qquad （3）$$

式中：S_r——相对标准偏差，%。；

$\bar{x}$——n 次测量值的算术平均值，mg/L；

n——测定次数，6；

x_i——第 i 次测量值，mg/L。

7.2.3 示值误差

按照说明书调试仪器，待仪器稳定运行后，水质自动分析仪（pH 水质自动分析仪除外）以离线模式，分别导入浓度值为现场工作量程上限值 20% 和 80% 的标准溶液，以 1h 为周期，连续测定每种标准溶液各 3 次，按照公式（4）计算 3 次仪器测定值的算术平均值与标准溶液标准值的相对误差 ΔA，两个结果的最大值 ΔA_{max} 即为示值误差。

$$\Delta A = \frac{\overline{x} - B}{B} \times 100\% \qquad (4)$$

式中：ΔA——示值误差，% ；

$\quad\quad B$——标准溶液标准值，mg/L ；

$\quad\quad \overline{x}$——3 次仪器测量值的算术平均值，mg/L。

pH 水质自动分析仪的电极浸入 pH=4.008 的标准溶液，连续测定 6 次，按照公式（5）计算 6 次测定值的算术平均值与标准溶液标准值的误差 A，即为示值误差。

$$\Delta A = \overline{x} - B \qquad (5)$$

式中：A——示值误差；

$\quad\quad B$——标准溶液标准值；

$\quad\quad \overline{x}$——6 次仪器测量值的算术平均值。

7.3 调试指标

7.3.1 各水污染源在线监测仪器指标符合表 3 要求的调试效果，TOC 水质自动分析仪参照 COD$_{Cr}$ 水质自动分析仪执行。

7.3.2 编制水污染源在线监测系统调试报告，见附录 F。

8 试运行要求

8.1 应根据实际水污染源排放特点及建设情况，编制水污染源在线监测系统运行与维护方案以及相应的记录表格。

8.2 试运行期间应按照所制定的运行与维护方案及 HJ 355 相关要求进行作业。

8.3 试运行期间应保持对水污染源在线监测系统连续供电，连续正常运行 30 天。

8.4 因排放源故障或在线监测系统故障等造成运行中断，在排放源或在线监测系统恢复正常后，重新开始试运行。

8.5 试运行期间数据传输率应不小于 90%。

8.6 数据控制系统已经和水污染源在线监测仪器正确连接，并开始向监控中心平台发送数据。

8.7 编制水污染源在线监测系统试运行报告，见附录 G。

表3 水污染源在线监测仪器调试期性能指标

仪器类型	调试项目		指标限值
明渠流量计	液位比对误差		12 mm
	流量比对误差		±10%
水质自动采样器	采样量误差		±10%
	温度控制误差		±2℃
COD_Cr 水质自动分析仪 /TOC 水质自动分析仪	24 h 漂移	20% 量程上限值	±5%F. S.
		80% 量程上限值	±10%F. S.
	重复性		≤ 10%
	示值误差		±10%
	实际水样比对	COD_Cr < 30 mg/L（用浓度为 20～25 mg/L 的标准样品替代实际水样进行试验）	±5 mg/L
		30 mg/L ≤实际水样 COD_Cr < 60 mg/L	±30%
		60 mg/L ≤实际水样 COD_Cr < 100 mg/L	±20%
		实际水样 COD_Cr ≥ 100 mg/L	±15%
NH_3-N 水质自动分析仪	24 h 漂移	20% 量程上限值	±5%F. S.
		80% 量程上限值	±10%F. S.
	重复性		≤ 10%
	示值误差		±10%
	实际水样比对	实际水样氨氮 < 2 mg/L（用浓度为 1.5 mg/L 的标准样品替代实际水样进行试验）	±0.3mg/L
		实际水样氨氮 ≥ 2 mg/L	±15%
TP 水质自动分析仪	24 h 漂移	20% 量程上限值	±5%F. S.
		80% 量程上限值	±10%F. S.
	重复性		≤ 10%
	示值误差		±10%
	实际水样比对	实际水样总磷 < 0.4 mg/L（用浓度为 0.3 mg/L 的标准样品替代实际水样进行试验）	±0.06 mg/L
		实际水样总磷 ≥ 0.4 mg/L	±15%
TN 水质自动分析仪	24 h 漂移	20% 量程上限值	±5%F. S.
		80% 量程上限值	±10%F. S.
	重复性		≤ 10%
	示值误差		±10%
	实际水样比对	实际水样总氮 < 2 mg/L（用浓度为 1.5 mg/L 的标准样品替代实际水样进行试验）	±0.3 mg/L
		实际水样总氮 ≥ 2 mg/L	±15%
pH 水质自动分析仪	示值误差		±0.5
	24 h 漂移		±0.5
	实际水样比对		±0.5

中华人民共和国国家环境保护标准

HJ 354—2019

代替 HJ/T 354—2007

水污染源在线监测系统

（COD$_{Cr}$、NH$_3$-N 等）验收技术规范

Technical specification for check and acceptance of

wastewater on-line monitoring system (COD$_{Cr}$, NH$_3$-N et al.)

（发布稿）

2019-12-24 发布　　　　　　　　2020-03-24 实施

生 态 环 境 部 发布

目次

前言

为贯彻《中华人民共和国环境保护法》和《中华人民共和国水污染防治法》，保护生态环境，保障人体健康，规范水污染源在线监测系统的验收技术要求，制定本标准。

本标准规定了水污染源在线监测系统的验收条件及验收程序，水污染源排放口、流量监测单元、监测站房、水质自动采样单元及数据控制单元的验收要求，流量计、水质自动采样器及水质自动分析仪的验收方法和验收技术指标，以及水污染源在线监测系统运行与维护方案的验收内容。

本标准是对《水污染源在线监测系统验收技术规范（试行）》（HJ/T 354—2007）的修订。

本标准首次发布于 2007 年，原起草单位为上海市环境监测中心。本次为第一次修订。

本次修订的主要内容如下：

——名称修改为《水污染源在线监测系统（COD_{Cr}、NH_3–N 等）验收技术规范》；

——删除了数据采集传输仪和 UV 水质自动监测仪的验收要求；

——增加了流量监测单元、水质自动采样单元、数据控制单元的验收要求；

——增加了超声波明渠流量计、水质自动采样器、总氮（TN）水质自动分析仪的验收方法及指标；

——增加了验收报告和比对监测报告的编制要求；

——修改了污染源排放口和监测站房的验收要求；

——修改了化学需氧量（COD_{Cr}）、总有机碳（TOC）、氨氮（NH_3–N）、总磷（TP）、pH 水质自动分析仪及温度计水质自动分析仪的验收方法及指标。

自本标准实施之日起，《水污染源在线监测系统验收技术规范（试行）》（HJ/T 354—2007）废止。

本标准的附录 A 和附录 B 为规范性附录。

本标准由生态环境部生态环境监测司、法规与标准司组织制订。

本标准起草单位：中国环境监测总站、河北省生态环境监测中心、湖南省生态环境监测中心。

本标准由生态环境部 2019 年 12 月 24 日批准。

本标准自 2020 年 3 月 24 日起实施。

本标准由生态环境部解释。

水污染源在线监测系统（COD$_{Cr}$、NH$_3$-N 等）验收技术规范

1 适用范围

本标准规定了水污染源在线监测系统的验收条件及验收程序，水污染源排放口、流量监测单元、监测站房、水质自动采样单元及数据控制单元的验收要求，流量计、水质自动采样器及水质自动分析仪的验收方法和验收技术指标，以及水污染源在线监测系统运行与维护方案的验收内容。

本标准适用于按照 HJ 353 建设安装的水污染源在线监测系统各组成部分以及所采用的流量计、水质自动采样器、化学需氧量（COD$_{Cr}$）水质自动分析仪、总有机碳（TOC）水质自动分析仪、氨氮（NH$_3$-N）水质自动分析仪、总磷（TP）水质自动分析仪、总氮（TN）水质自动分析仪、温度计、pH 水质自动分析仪等水污染源在线监测仪器的验收。

本标准所规范的水污染源在线监测系统适用于化学需氧量（COD$_{Cr}$）、氨氮（NH$_3$-N）、总磷（TP）、总氮（TN）、pH 值、温度及流量监测因子的在线监测。

2 规范性引用文件

本标准引用了下列文件或其中的条款。凡是不注日期的引用文件，其有效版本适用于本标准。

GB/T 6920 水质 pH 值的测定 玻璃电极法；

GB/T 11893 水质总磷的测定 钼酸铵分光光度法；

GB/T 15562.1 环境保护图形标志排放口（源）；

GB/T 50093 自动化仪表工程施工及验收规范；

GB/T 50168 电气装置安装工程电缆线路施工及验收规范；

HJ 91.1 污水监测技术规范；

HJ 212 污染源在线监控（监测）系统数据传输标准；

HJ 353—2019 水污染源在线监测系统（COD$_{Cr}$、NH$_3$-N 等）安装技术规范；

HJ 355 水污染源在线监测系统（COD$_{Cr}$、NH$_3$-N 等）运行技术规范；

HJ 535 水质 氨氮的测定 纳氏试剂分光光度法；

HJ 536 水质 氨氮的测定 水杨酸分光光度法；

HJ 636 水质 总氮的测定 碱性过硫酸钾消解紫外分光光度法；

HJ 828 水质 化学需氧量的测定 重铬酸盐法；

HJ/T 70 高氯废水 化学需氧量的测定 氯气校正法。

3 术语和定义

下列术语和定义适用于本标准。

3.1 水污染源在线监测系统 wastewater on-line monitoring system

指由实现水污染源流量监测、水污染源水样采集、水污染源水样分析及分析数据统计与上传等功能的软硬件设施组成的系统。

3.2 水污染源在线监测仪器 wastewater on-line monitoring equipment

指水污染源在线监测系统中用于在线连续监测污染物浓度和排放量的仪器、仪表。

3.3 瞬时水样 instantaneous sample

指某个采样点某时刻一次采集到的水样。

3.4 混合水样 composite sample

指同一个采样点连续或不同时刻多次采集到的水样的混合体

3.5 水质自动采样单元 automatic water sampling unit

指水污染源在线监测系统中用于实现采集实时水样及混合水样、超标留样、平行监测留样、比对监测留样的单元，供水污染源在线监测仪器分析测试。

3.6 数据控制单元 data control unit

指实现控制整个水污染源在线监测系统内部仪器设备联动，自动完成水污染源在线监测仪器的数据采集、整理、输出及上传至监控中心平台，接受监控中心平台命令控制水污染源在线监测仪器运行等功能的单元。

3.7 运行日志 running daily record

指在运行过程中仪器自动记录测试条件、故障、维护等状态信息及日常校准、参数变更等维护记录。

3.8 数据标识 data marker

指用以表示水污染源在线监测仪器不同测试数据属性的标识。

4 验收条件及验收内容

4.1 验收条件

4.1.1 提供水污染源在线监测系统的选型、工程设计、施工、安装调试及性能等相关技术资料。

4.1.2 水污染源在线监测系统已依据 HJ 353 完成安装、调试与试运行，各指标符合 HJ 353—2019 中表 3 的要求，并提交运行调试报告与试运行报告。

4.1.3 提供流量计、标准计量堰（槽）的检定证书，水污染源在线监测仪器符合 HJ 353—2019 中表 1 中技术要求的证明材料。

4.1.4 水污染源在线监测系统所采用基础通信网络和基础通信协议应符合 HJ 212 的相关要求，对通信规范的各项内容做出响应，并提供相关的自检报告。同时提供环境保护主管部门出具的联网证明。

4.1.5 水质自动采样单元已稳定运行一个月，可采集瞬时水样和具有代表性的混合水样供水污染源在线监测仪器分析使用，可进行留样并报警。

4.1.6 验收过程供电不间断。

4.1.7 数据控制单元已稳定运行一个月，向监控中心平台及时发送数据，期间设备运转率应大于 90%；数据传输率应大于 90%。设备运转率及数据传输率参照公式（1）、（2）进行计算。

$$设备运转率 = \frac{实际运行小时数}{企业排放小时数} \times 100\% \qquad （1）$$

式中：实际运行小时数——自动监测设备实际正常运行的小时数；

　　　企业排放小时数——被测的水污染源排放污染物的实际小时数。

$$数据传输 = \frac{实际传输数据数}{规定传输数据数} \times 100\% \qquad （2）$$

式中：实际传输数据数——每月设备实际上传的数据个数；

　　　规定传输数据数——每月设备规定上传的数据个数。

4.2 验收内容

水污染源在线监测系统在完成安装、调试及试运行，并和环境保护主管部门联网后，应进行建设验收、仪器设备验收、联网验收及运行与维护方案验收。

5 建设验收要求

5.1 污染源排放口

5.1.1 污染源排放口的布设符合 HJ 91.1 要求。

5.1.2 污染源排放口具有符合 GB/T 15562.1 要求的环境保护图形标志牌。

5.1.3 污染源排放口应设置具备便于水质自动采样单元和流量监测单元安装条件的采样口，

5.1.4 污染源排放口应设置人工采样口。

5.2 流量监测单元

5.2.1 三角堰和矩形堰后端设置有清淤工作平台，可方便实现对堰槽后端堆积物的清理。

5.2.2 流量计安装处设置有对超声波探头检修和比对的工作平台，可方便实现对流量计的检修和比对工作。

5.2.3 工作平台的所有敞开边缘设置有防护栏杆，采水口临空、临高的部位应设置防护栏杆和钢平台，各平台边缘应具有防止杂物落入采水口的装置。

5.2.4 维护和采样平台的安装施工应全部符合要求。

5.2.5 防护栏杆的安装应全部符合要求。

5.3 监测站房

5.3.1 监测站房专室专用。

5.3.2 监测站房密闭，安装有冷暖空调和排风扇，空调具有来电自启动功能。

5.3.3 新建监测站房面积应不小于 15 m^2，站房高度不低于 2.8 m，各仪器设备安放合理，可方便进行维护维修。

5.3.4 监测站房与采样点的距离不大于 50 m。

5.3.5 监测站房的基础荷载强度、面积、空间高度、地面标高均符合要求。

5.3.6 监测站房内有安全合格的配电设备，提供的电力负荷不小于 5 kW，配置有稳压电源。

5.3.7 监测站房电源引入线使用照明电源；电源进线有浪涌保护器；电源应有明显标志；接地线牢固并有明显标志。

5.3.8 监测站房电源设有总开关，每台仪器设有独立控制开关。

5.3.9 监测站房内有合格的给、排水设施，能使用自来水清洗仪器及有关装置。

5.3.10 监测站房有完善规范的接地装置和避雷措施、防盗、防止人为破坏以及消防设施。

5.3.11 监测站房不位于通讯盲区，应能够实现数据传输。

5.3.12 监测站房内、采样口等区域应有视频监控。

5.4 水质自动采样单元

5.4.1 实现采集瞬时水样和混合水样，混匀及暂存水样，自动润洗及排空混匀桶的功能。

5.4.2 实现混合水样和瞬时水样的留样功能。

5.4.3 实现 pH 水质自动分析仪、温度计原位测量或测量瞬时水样功能。

5.4.4 COD_{Cr}、TOC、NH_3–N、TP、TN 水质自动分析仪测量混合水样功能。

5.4.5 需具备必要的防冻或防腐设施。

5.4.6 设置有混合水样的人工比对采样口。

5.4.7 水质自动采样单元的管路为明管，并标注有水流方向。

5.4.8 管材应采用优质的聚氯乙烯(PVC)、三丙聚丙烯(PPR)等不影响分析结果的硬管。

5.4.9 采样口设在流量监测系统标准化计量堰（槽）取水口头部的流路中央，采水口朝向与水流的方向一致；测量合流排水时，在合流后充分混合的场所采水。

5.4.10 采样泵选择合理，安装位置便于泵的维护。

5.5 数据控制单元

5.5.1 数据控制单元可协调统一运行水污染源在线监测系统，采集、储存、显示监测数据及运行日志，向监控中心平台上传污染源监测数据。

5.5.2 可接收监控中心平台命令，实现对水污染源在线监测系统的控制。如触发水质自动采样单元采样，水污染源在线监测仪器进行测量、标液核查、校准等操作。

5.5.3 可读取并显示各水污染源在线监测仪器的实时测量数据。

5.5.4 可查询并显示：pH 值的小时变化范围、日变化范围，流量的小时累积流量、日累积流量，温度的小时均值、日均值，COD_{Cr}、NH_3–N、TP、TN 的小时值、日均值，并通过数据采集传输仪上传至监控中心平台。

5.5.5 上传的污染源监测数据带有时间和数据状态标识，符合 HJ 355—2019 中 6.2 条款。

5.5.6 可生成、显示各水污染源在线监测仪器监测数据的日统计表、月统计表、年统计表。

6 水污染源在线监测仪器验收要求

6.1 基本验收要求

6.1.1 水污染源在线监测仪器的各种电缆和管路应加保护管地下铺设或空中架设，空中架设的电缆应附着在牢固的桥架上，并在电缆、管路以及电缆和管路的两端设置明显标识。电缆线路的施工应满足 GB/T 50168 的相关要求。

6.1.2 必要时（如南方的雷电多发区），仪器设备和电源设有防雷设施。

6.1.3 各仪器设备采用落地或壁挂式安装，有必要的防震措施，保证设备安装牢固稳定。

6.1.4 仪器周围留有足够空间，方便仪器维护。

6.1.5 此处未提及的要求参照仪器相应说明书相关内容，应满足 GB/T 50093 的相关要求。

6.2 功能验收要求

6.2.1 具有时间设定、校对、显示功能。

6.2.2 具有自动零点校准（正）功能和量程校准（正）功能，且有校准记录。校准记录中应包括校准时间、校准浓度、校准前后的主要参数等。

6.2.3 应具有测试数据显示、存储和输出功能。

6.2.4 应能够设置三级系统登录密码及相应的操作权限。

6.2.5 意外断电且再度上电时，应能自动排出系统内残存的试样、试剂等，并自动清洗，自动复位到重新开始测定的状态。

6.2.6 应具有故障报警、显示和诊断功能，并具有自动保护功能，并且能够将故障报警信号输出到远程控制网。

6.2.7 应具有限值报警和报警信号输出功能。

6.2.8 应具有接收远程控制网的外部触发命令、启动分析等操作的功能。

6.3 性能验收方法

6.3.1 液位比对误差

用便携式明渠流量计比对装置（液位测量精度 < 0.1 mm）和超声波明渠流量计测量同一水位观测断面处的液位值，进行比对试验，每 2 min 记录一次数据对，连续记录 6 次，按下列公式计算每一组数据对的误差值 H_i，选取最大的 H_i 作为流量计的液位比对误差。

$$H_i = \left| H_{li} - H_{2i} \right| \tag{1}$$

式中：H_i——液位比对误差，mm；

H_{li}——第 i 次明渠流量比对装置测量液位值，mm；

H_{2i}——第 i 次超声波明渠流量计测量液位值，mm；

i——1，2，3，4，5，6。

6.3.2 流量比对误差

用便携式明渠流量计比对装置和超声波明渠流量计测量同一水位观测断面处的瞬时流量，进行比对试验，待数据稳定后，开始计时，计时 10 min，分别读取明渠流量比对装置该时段内的累积流量 F_1 和超声波明渠流量计该时段内的累积流量 F_2，按公式（4）计算流量比对误差 ΔF。

$$\Delta F = \frac{F_1 - F_2}{F_1} \times 100\% \quad\quad （4）$$

式中：ΔF——流量比对误差，%；

$\quad\quad F_1$——明渠流量比对装置累积流量，m^3；

$\quad\quad F_2$——超声波明渠流量计累积流量，m^3。

6.3.3 采样量误差

水质自动采样器采样量设置为 V_1，按照设定的采样比例执行自动采样，采样结束后，取出采样瓶，量取实际采样量 V_2，重复测定 3 次，按照公式（5）计算采样量误差 ΔV，取 3 次采样量误差的算术平均值作为评判值。

$$\Delta V = \frac{|V_2 - V_1|}{V_1} \times 100\% \quad\quad （5）$$

式中：ΔV——采样量误差，%；

$\quad\quad V_1$——设定的采样量，mL；

$\quad\quad V_2$——实际量取的采样量，mL。

6.3.4 温度控制误差

将水质自动采样器恒温箱温度控制装置设置温度为 4 ℃。运行 1 h 温度稳定后，每隔 10 min 测量其温度 T_i，连续测量 6 次，按照公式（6）计算每个测量值相对 4℃的绝对误差值 ΔT_i，取最大者为温度控制误差。

$$\Delta T_i = |T_i - 4| \quad\quad （6）$$

式中：ΔT_i——绝对误差值，℃；

$\quad\quad T_i$——实际测量温度，℃；

$\quad\quad i$——1，2，3，4，5，6。

6.3.5 24 h 漂移

COD_{Cr} 水质自动分析仪、TOC 水质自动分析仪、NH_3-N 水质自动分析仪、TP 水质自动分析仪、TN 水质自动分析仪参照此方法测定 24 h 漂移。

采用浓度值为工作量程上限值 80% 的标准溶液为考核溶液，水质自动分析仪以离线模式，以 1 h 为周期，连续测定 24 h。取前 3 次测定值的算术平均值为初始测定值 x_0，按照公式（7）计算后续测定 x_i 与初始测定值 x_0 的变化幅度相对于现场工作量程上限值的百分比 RD，取绝对值最大 RD_{max} 为 24 h 漂移。

$$RD = \frac{x_i - x_0}{A} \times 100\% \tag{7}$$

式中：RD——漂移，%；

x_i——第（$i \geq 3$）次测定值，mg/L；

x_0——前三次测量值的算术平均值，mg/L；

A——现场工作量程上限值，mg/L。

pH 水质自动分析仪的电极浸入 pH=6.865（25 ℃）的标准溶液，读取 5 min 后的测量值为初始值 x_0，连续测定 24 h，每隔 1 h 记录一个测定瞬时值 x_i，按照公式（8）计算后续测定值 x_i 与初始测定值 x_0 的误差 D，取绝对值最大 D_{max} 为 24 h 漂移。

$$D = x_1 - x_0 \tag{8}$$

式中：D——漂移；

x_i——第 i 次测定值；

x_0——初始值。

6.3.6 准确度

采用有证标准样品作为准确度试验考核样品，分别用两种浓度的有证标准样品进行考核，一种为接近实际废水排放浓度的样品，另一种为接近相应排放标准浓度 2～3 倍的样品，水质自动分析仪（pH 水质自动分析仪除外）以离线模式，以 1 h 为周期，每种有证标准样品平行测定 3 次。

按照公式（9）计算 3 次仪器测定值的算术平均值与有证标准样品标准值的相对误差。两种浓度标准样品测试结果均应满足表 2 的要求。

$$\Delta A = \frac{\overline{x} - B}{B} \times 100\% \tag{9}$$

式中：ΔA——相对误差，mg/L；

B——标准样品标准值，mg/L；

$\overline{x}$——3 次仪器测量值的算术平均值，mg/L。

pH 水质自动分析仪的电极浸入 pH=4.008（25 ℃）的有证标准样品，连续测定 6 次，按照公式（10）计算 6 次测定值的算术平均值与标准值的误差。

$$\Delta A = \overline{x} - B \tag{10}$$

式中：A——误差；

B——标准溶液标准值；

$\overline{x}$——6 次仪器测量值的算术平均值。

6.3.7 实际水样比对

水质自动分析仪器以在线模式，以 1 h 为周期，测定实际废水样品 3 个，每个水样平行测定 2 次（pH 水质自动分析仪测定 6 次），实验室按照国家环境监测分析方法标准（见表 1）对相同的水样进行分析，按照公式（11）、公式（12）计算每个水样仪器测定值的算术平均值与实验室测定值的绝对误差或相对误差,每种水样的比对结果均应满足表 2 的要求。

其中,COD_{Cr}、NH_3-N、TP、TN 水质自动分析仪测定水质自动采样器采集的混合水样,pH 水质自动分析仪测定瞬时水样。

$$C = x - B_n \qquad (11)$$

$$\Delta C = \frac{x - B_n}{B_n} \times 100\% \qquad (12)$$

式中: C——实际水样比对测试绝对误差,mg/L ;

ΔC——实际水样比对测试相对误差,% ;

x——水样仪器测定值的算术平均值,mg/L ;

B_n——实验室标准方法的测定值,mg/L。

表 1 实际水样国家环境监测分析方法

项 目	分析方法	标准号
COD_{Cr}	水质 化学需氧量的测定 重铬酸盐法	HJ 828
	高氯废水化学需氧量的测定 氯气校正法	HJ/T 70
NH_3-N	水质 氨氮的测定 纳氏试剂分光光度法	HJ 535
	水质 氨氮的测定 水杨酸分光光度法	HJ 536
TP	水质 总磷的测定 钼酸铵分光光度法	GB/T 11893
TN	水质 总氮的测定 碱性过硫酸钾消解紫外分光光度法	HJ 636
pH 值	水质 pH 值的测定 玻璃电极法	GB/T 6920

6.4 性能验收内容及指标

表 2 水污染源在线监测仪器验收项目及指标

仪器类型	验收项目		指标限值
超声波明渠流量计	液位比对误差		12 mm
	流量比对误差		±10%
水质自动采样器	采样量误差		±10%
	温度控制误差		±2 ℃
COD_{Cr} 水质自动分析仪 / TOC 水质自动分析仪	24 h 漂移(80% 工作量程上限值)		±10%F. S.
	准确度	有证标准溶液浓度 < 30 mg/L	±5 mg/L
		有证标准溶液浓度 ≥ 30 mg/L	±10%
COD_{Cr} 水质自动分析仪 / TOC 水质自动分析仪	实际水样比对	实际水样 COD_{Cr} < 30 mg/L (用浓度为 20 ~ 25 mg/L 的标准样品替代实际水样进行测试)	±5 mg/L
		30 mg/L ≤ 实际水样 COD_{Cr} < 60 mg/L	±30%
		60 mg/L ≤ 实际水样 COD_{Cr} < 100 mg/L	±20%
		实际水样 COD_{Cr} ≥ 100 mg/L	±15%

（续表）

仪器类型	验收项目		指标限值
COD$_{Cr}$ 水质自动分析仪 / TOC 水质自动分析仪	24 h 漂移（80% 工作量程上限值）		±10%F.S.
	准确度	有证标准溶液浓度＜30 mg/L	±5 mg/L
		有证标准溶液浓度≥30 mg/L	±10%
	实际水样比对	实际水样 COD$_{Cr}$＜30 mg/L（用浓度为 20～25 mg/L 的标准样品替代实际水样进行测试）	±5 mg/L
		30 mg/L≤实际水样 COD$_{Cr}$＜60 mg/L	±30%
		60 mg/L≤实际水样 COD$_{Cr}$＜100 mg/L	±20%
		实际水样 COD$_{Cr}$≥100 mg/L	±15%
NH$_3$-N 水质自动分析仪	24 h 漂移（80% 工作量程上限值）		±10% F.S.
	准确度	有证标准溶液浓度＜2 mg/L	±0.3 mg/L
		有证标准溶液浓度≥2 mg/L	±10%
	实际水样比对	实际水样氨氮＜2 mg/L（用浓度为 1.5 mg/L 的有证标准样品替代实际水样进行测试）	±0.3 mg/L
		实际水样氨氮≥2 mg/L	±15%
TP 水质自动分析仪	24 h 漂移（80% 工作量程上限值）		±10%F.S.
	准确度	有证标准溶液浓度＜0.4 mg/L	±0.06 mg/L
		有证标准溶液浓度≥0.4 mg/L	±10%
	实际水样比对	实际水样总磷＜0.4 mg/L（用浓度为 0.3 mg/L 的有证标准样品替代实际水样进行测试）	±0.06 mg/L
		实际水样总磷≥0.4 mg/L	±15%
TN 水质自动分析仪	24 h 漂移（80% 工作量程上限值）		±10%F.S.
	准确度	有证标准溶液浓度＜2 mg/L	±0.3 mg/L
		有证标准溶液浓度≥2 mg/L	±10%
	实际水样比对	实际水样总氮＜2 mg/L（用浓度为 1.5 mg/L 的有证标准样品替代实际水样进行测试）	±0.3 mg/L
		实际水样总氮≥2 mg/L	±15%
pH 水质自动分析仪	24 h 漂移		±0.5
	准确度		±0.5
	实际水样比对		±0.5

7 联网验收要求

7.1 通信稳定性

数据控制单元和监控中心平台之间通信稳定，不应出现经常性的通信连接中断、数据丢失、数据不完整等通信问题。

数据控制单元在线率为 90% 以上，正常情况下，掉线后应在 5 min 之内重新上线。数据采集传输仪每日掉线次数在 5 次以内。数据传输稳定性在 99% 以上，当出现数据错误或丢失时，启动纠错逻辑，要求数据采集传输仪重新发送数据。

7.2 数据传输安全性

为了保证监测数据在公共数据网上传输的安全性，所采用的数据采集传输仪，在需要时可按照 HJ 212 中规定的加密方法进行加密处理传输，保证数据传输的安全性。一端请求连接另一端应进行身份验证。

7.3 通信协议正确性

采用的通信协议应完全符合 HJ 212 的相关要求。

7.4 数据传输正确性

系统稳定运行一个月后，任取其中不少于连续 7 天的数据进行检查，要求监控中心平台接收的数据和数据控制单元采集和存储的数据完全一致；同时检查水污染源在线连续自动分析仪器存储的测定值、数据控制单元所采集并存储的数据和监控中心平台接收的数据，这 3 个环节的实时数据误差小于 1%。

7.5 联网稳定性

在连续一个月内，系统能稳定运行，不出现除通信稳定性、通信协议正确性、数据传输正确性以外的其他联网问题。

7.6 现场故障模拟恢复试验要求

在水污染源在线连续自动监测系统现场验收过程中，人为模拟现场断电、断水和断气等故障，在恢复供电等外部条件后，水污染源在线连续自动监测系统应能正常自启动和远程控制启动。在数据控制单元中保存故障前完整分析的分析结果，并在故障过程中不被丢失。数据控制系统完整记录所有故障信息。

7.7 测量频次和测量结果报表

能够按照规定要求自动生成日统计表、月统计表和年统计表。报表格式参照 HJ 353—2019 附录 C。

8 运行与维护方案验收要求

8.1 运行与维护方案应包含水污染源在线监测系统情况说明、运行与维护作业指导书及记录表格，并形成书面文件进行有效管理。

8.2 水污染源在线监测系统情况说明应至少包含如下内容：排污单位基本情况，水污染在线监测系统构成图，水质自动采样系统流路图，数据控制系统构成图、所安装的水污染源在线监测仪器方法原理、选定量程、主要参数、所用试剂，以及按照 HJ 355 中规定建立的各组成部分的维护要点及维护程序。

8.3 运行与维护作业指导书内容应至少包含如下内容：水污染在线监测系统各组成部分的维护方法，所安装的水污染源在线监测仪器的操作方法、试剂配制方法、维护方法，流量监测单元、水样自动采集单元及数据控制单元维护方法。

8.4 记录表格应满足运行与维护作业指导书中的设定要求。

9 验收报告编制要求

9.1 验收报告格式，见附录 A。

9.2 比对监测报告格式，见附录 B。

9.3 验收报告应附验收比对监测报告、联网证明和安装调试报告。

9.4 当验收报告内容全部合格或符合后，方可通过验收。

HJ 355—2019
代替 HJ/T 355—2007

中华人民共和国国家环境保护标准

水污染源在线监测系统

（COD$_{Cr}$、NH$_3$-N 等）运行技术规范

Technical specification for operation of

wastewater on-line monitoring system (COD$_{Cr}$, NH$_3$-N et al.)

（发布稿）

2019-12-24 发布　　　　　　　　2020-03-24 实施

生 态 环 境 部 发布

目次

前言

为贯彻《中华人民共和国环境保护法》和《中华人民共和国水污染防治法》，保护生态环境，保障人体健康，实施污染源污染物排放监测，规范水污染源在线监测系统的运行技术要求，制定本标准。

本标准规定了运行单位为保障水污染源在线监测设备稳定运行所要达到的运行单位及人员要求、参数管理及设置、采样方式及数据上报、检查维护、运行技术及质控、系统检修和故障处理、档案记录等方面的要求，并规定了运行比对监测的具体内容。

本标准是对《水污染源在线监测系统运行与考核技术规范（试行）》（HJ/T 355—2007）的修订。

本标准首次发布于 2007 年，原起草单位为上海市环境监测中心。本次为第一次修订。本次修订的主要内容如下：

——名称修改为：《水污染源在线监测系统（COD_{Cr}、NH_3–N 等）运行技术规范》；

——删除了紫外（UV）吸收水质自动分析仪的运行技术要求；

——增加了参数管理及设置要求；

——增加了水样采集的方式和监测数据的获得频次以及数据上报的要求；

——增加了超声波明渠流量计的现场比对要求；

——增加了参考性的统一的运行技术表格；

——调整了日常运行维护工作的内容；

——调整了运行过程中的质控手段，明确了各指标的计算方法。

自本标准实施之日起，《水污染源在线监测系统运行与考核技术规范（试行）》（HJ/T 355—2007）废止。

本标准的附录 A ～附录 J 为资料性附录。

本标准由生态环境部生态环境监测司、法规与标准司组织制订。

本标准起草单位：中国环境监测总站、江西省环境监测中心站。

本标准由生态环境部 2019 年 12 月 24 日批准。

本标准自 2020 年 3 月 24 日起实施。

本标准由生态环境部解释。

水污染源在线监测系统（COD$_{Cr}$、NH$_3$-N 等）运行技术规范

1 适用范围

本标准规定了为保障水污染源在线监测设备稳定运行所要达到的运行单位及人员要求、参数管理及设置、采样方式及数据上报、检查维护、运行技术及质控、系统检修和故障处理、档案记录等方面的要求，并规定了运行比对监测的具体内容。

本标准适用于通过 HJ 354 验收的水污染源在线监测系统各组成部分以及所采用的流量计、水质自动采样器、化学需氧量（COD$_{Cr}$）水质自动分析仪、总有机碳（TOC）水质自动分析仪、氨氮（NH$_3$-N）水质自动分析仪、总磷（TP）水质自动分析仪、总氮（TN）水质自动分析仪、温度计、pH 水质自动分析仪等水污染源在线监测仪器的运行。本标准适用于水污染源在线监测系统运行单位的日常运行和管理。

2 规范性引用文件

本标准引用了下列文件或其中的条款。凡是不注日期的引用文件，其有效版本适用于本标准。

GB/T 6920 水质 pH 值的测定 玻璃电极法；

GB/T 11893 水质 总磷的测定 钼酸铵分光光度法；

GB/T 13195 水质 水温的测定 温度计或颠倒温度计测定法；

GB 18597 危险废物贮存污染控制标准；

HJ 15 超声波明渠污水流量计技术要求及检测方法；

HJ 91.1 污水监测技术规范；

HJ 212 污染源在线监控（监测）系统数据传输标准；

HJ 353 水污染源在线监测系统（COD$_{Cr}$、NH$_3$-N 等）安装技术规范；

HJ 354 水污染源在线监测系统（COD$_{Cr}$、NH$_3$-N 等）验收技术规范；

HJ 356 水污染源在线监测系统（COD$_{Cr}$、NH$_3$-N 等）数据有效性判别技术规范；

HJ 493 水质 采样样品的保存和管理技术规定；

HJ 535 水质 氨氮的测定 纳氏试剂分光光度法；

HJ 536 水质 氨氮的测定 水杨酸分光光度法；

HJ 636 水质 总氮的测定 碱性 过硫酸钾消解紫外分光光度法；

HJ 828 水质 化学需氧量的测定 重铬酸盐法；

HJ/T 70 高氯废水 化学需氧量的测定 氯气校正法。

3 术语和定义

下列术语和定义适用于本标准。

3.1 水污染源在线监测系统 wastewater on-line monitoring system

指由实现废水流量监测、废水水样采集、废水水样分析及分析数据统计与上传等功能的软硬件设施组成的系统。

3.2 水污染源在线监测仪器 wastewater on-line monitoring equipment

指水污染源在线监测系统中用于在线连续监测污染物浓度和排放量的仪器、仪表。

3.3 瞬时水样 instantaneous sample

指某个采样点某时刻一次采集到的水样。

3.4 混合水样 composite sample

指同一个采样点连续或不同时刻多次采集到的水样的混合体。

3.5 水质自动采样系统 automatic water sampling system

指水污染源在线监测系统中用于实现采集瞬时水样及混合水样、超标留样、平行监测留样、比对监测留样的系统，供水污染源在线监测仪器分析测试用。

3.6 仪器运行参数 on-line monitoring equipment operating parameters

指在现场安装的水污染源在线监测仪器上设置的能表征测量过程以及对测量结果产生影响的相关参数。

3.7 有效数据率 data availability

指在某个周期内，仪器实际获得的有效数据个数占该周期内应获得的有效数据个数的比率。

3.8 维护状态 maintenance state

指水污染源在线监测系统处于非正常采样监测时段进行维护操作时其所处的状态，包括对仪表维护、检修、校准，及水质自动采样系统的维护等。

3.9 自动标样核查 auto-check with standard solution

指水污染源在线监测仪器自动测量标准溶液，自动判定测量结果的准确性。

4 运行单位及人员要求

4.1 运行单位要求

运行单位应具备与监测任务相适应的技术人员、仪器设备和实验室环境，明确监测人员和管理人员的职责、权限和相互关系，有适当的措施和程序保证监测结果准确可靠。应备有所运行在线监测仪器的备用仪器，同时应配备相应仪器参比方法实际水样比对试验装置。

4.2 运行人员要求

运行人员应具备相关专业知识，通过相应的培训教育和能力确认/考核等活动。

5 仪器运行参数管理及设置

5.1 仪器运行参数设置要求

5.1.1 在线监测仪器量程应根据现场实际水样排放浓度合理设置，量程上限应设置为现场执行的污染物排放标准限值的 2 ~ 3 倍。当实际水样排放浓度超出量程设置要求时应按 9.7 的要求进行人工监测。

5.1.2 针对模拟量采集时，应保证数据采集传输仪的采集信号量程设置、转换污染物浓度量程设置与在线监测仪器设置的参数一致。

5.2 仪器运行参数管理要求

5.2.1 对在线监测仪器的操作、参数的设定修改，应设定相应操作权限。

5.2.2 对在线监测仪器的操作、参数修改等动作，以及修改前后的具体参数都要通过纸质或电子的方式记录并保存，同时在仪器的运行日志里做相应的不可更改的记录，应至少保存 1 年。

5.2.3 纸质或电子记录单中需注明对在线监测仪器参数的修改原因，并在启用时进行确认。

6 采样方式及数据上报要求

6.1 采样方式

6.1.1 瞬时采样

pH 水质自动分析仪、温度计和流量计对瞬时水样进行监测。连续排放时，pH 值、温度和流量至少每 10 mm 获得一个监测数据；间歇排放时，数据数量不小于污水累计排放小时数的 6 倍。

6.1.2 混合采样

COD_{Cr}、TOC、NH_3–N、TP、TN 水质自动分析仪对混合水样进行监测。

连续排放时，每日从零点计时，每 1 h 为一个时间段，水质自动采样系统在该时段进行时间等比例或流量等比例采样（如：每 15 min 采一次样，1 h 内采集 4 次水样，保证该时间段内采集样品量满足使用），水质自动分析仪测试该时段的混合水样，其测定结果应计为该时段的水污染源连续排放平均浓度。

间歇排放时，每 1 h 为一个时间段，水质自动采样系统在该时段进行时间等比例或流量等比例采样（依据现场实际排放量设置，确保在排放时可采集到水样），采样结束后由水质自动分析仪测试该时段的混合水样，其测定结果应计为该时段的水污染源排放平均浓度。如果某个采样周期内所采集样品量无法满足仪器分析之用，则对该时段作无数据处理。

6.2 数据上报

6.2.1 应保证数据采集传输仪，在线监测仪器与监控中心平台时间一致。

6.2.2 数据采集传输仪应在 COD_{Cr}、TOC、NH_3–N、TP、TN 水质自动分析仪测定完成后开始采集分析仪的输出信号，并在 10 min 内将数据上报平台，监测数据个数不小于污水累计排放小时数。

6.2.3 COD_{Cr}、TOC、NH_3–N、TP、TN 水质自动分析仪存储的测定结果的时间标记应为该水质自动分析仪从混匀桶内开始采样的时间，数据采集传输仪上报数据时报文内的时间标记与水质自动分析仪测量结果存储的时间标记保持一致；水质自动分析仪和数据采集传输仪应能存储至少一年的数据。

6.2.4 数据传输应符合 HJ 212 的规定，上报过程中如出现数据传输不通的问题，数据采集传输仪应对未传输成功的数据作记录，下次传输时自动将未传输成功的数据进行补传。

7 检查维护要求

7.1 日检查维护

每天应通过远程查看数据或现场察看的方式检查仪器运行状态、数据传输系统以及视频监控系统是否正常，并判断水污染源在线监测系统运行是否正常。如发现数据有持续异常等情况，应前往站点检查。

7.2 周检查维护

7.2.1 每 7 d 对水污染源在线监测系统至少进行 1 次现场维护。

7.2.2 检查自来水供应、泵取水情况，检查内部管路是否通畅，仪器自动清洗装置是否运行正常，检查各仪器的进样水管和排水管是否清洁，必要时进行清洗。定期对水泵和过滤网进行清洗。

7.2.3 检查监测站房内电路系统、通讯系统是否正常。

7.2.4 对于用电极法测量的仪器，检查电极填充液是否正常，必要时对电极探头进行清洗。

7.2.5 检查各水污染源在线监测仪器标准溶液和试剂是否在有效使用期内，保证按相关要求定期更换标准溶液和试剂。

7.2.6 检查数据采集传输仪运行情况，并检查连接处有无损坏，对数据进行抽样检查，对比水污染源在线监测仪、数据采集传输仪及监控中心平台接收到的数据是否一致。

7.2.7 检查水质自动采样系统管路是否清洁，采样泵、采样桶和留样系统是否正常工作，留样保存温度是否正常。

7.2.8 若部分站点使用气体钢瓶，应检查载气气路系统是否密封，气压是否满足使用要求。

7.3 月检查维护

7.3.1 每月的现场维护应包括对水污染源在线监测仪器进行一次保养，对仪器分析系统进行维护；对数据存储或控制系统工作状态进行一次检查；检查监测仪器接地情况，检查监测站房防雷措施。

7.3.2 水污染源在线监测仪器：根据相应仪器操作维护说明，检查和保养易损耗件，必要时更换；检查及清洗取样单元、消解单元、检测单元、计量单元等。

7.3.3 水质自动采样系统：根据情况更换蠕动泵管、清洗混合采样瓶等。

7.3.4 TOC水质自动分析仪：检查TOC-COD$_{Cr}$转换系数是否适用，必要时进行修正。对TOC水质自动分析仪的泵、管、加热炉温度进行一次检查，检查试剂余量（必要时添加或更换），检查卤素洗涤器、冷凝器水封容器、增湿器，必要时加蒸馏水。

7.3.5 pH水质自动分析仪：用酸液清洗一次电极，检查pH电极是否钝化，必要时进行校准或更换。

7.3.6 温度计：每月至少进行一次现场水温比对试验，必要时进行校准或更换。

7.3.7 超声波明渠流量计：检查流量计液位传感器高度是否发生变化，检查超声波探头与水面之间是否有干扰测量的物体，对堰体内影响流量计测定的干扰物进行清理。

7.3.8 管道电磁流量计：检查管道电磁流量计的检定证书是否在有效期内。

7.4 季度检查维护

7.4.1 水污染源在线监测仪器：根据相应仪器操作维护说明，检查及更换易损耗件，检查关键零部件可靠性，如计量单元准确性、反应室密封性等，必要时进行更换。

7.4.2 对于水污染源在线监测仪器所产生的废液应以专用容器予以回收，并按照GB 18597的有关规定，交由有危险废物处理资质的单位处理，不得随意排放或回流入污水排放口。

7.5 检查维护记录

运行人员在对水污染源在线监测系统进行故障排查与检查维护时，应作好记录。

7.6 其他检查维护

7.6.1 保证监测站房的安全性，进出监测站房应进行登记，包括出入时间、人员、出入站房原因等，应设置视频监控系统。

7.6.2 保持监测站房的清洁，保持设备的清洁，保证监测站房内的温度、湿度满足仪器正常运行的需求。

7.6.3 保持各仪器管路通畅，出水正常，无漏液。

7.6.4 对电源控制器、空调、排风扇、供暖、消防设备等辅助设备要进行经常性检查。

7.6.5 其他维护按相关仪器说明书的要求进行仪器维护保养、易耗品的定期更换工作。

8 运行技术及质量控制要求

8.1 运行技术要求

8.1.1 对COD$_{Cr}$、TOC、NH$_3$-N、TP、TN水质自动分析仪按照8.2.1的要求定期进行自动标样核查和自动校准，自动标样核查结果应满足表1要求。

8.1.2 对COD$_{Cr}$、TOC、NH$_3$-N、TP、TN、pH水质自动分析仪、温度计及超声波明渠流量计按照8.2.2、8.3及8.4要求定期进行实际水样比对试验，比对试验结果应满足表1的要求，实际水样国家环境监测分析方法标准见表2。

表1 水污染源在线监测仪器运行技术指标

仪器类型	技术指标要求	试验指标限值	样品数量要求
COD$_{Cr}$、TOC 水质自动分析仪	采用浓度约为现场工作量程上限值 0.5 倍的标准样品	±10%	1
	实际水样 COD$_{Cr}$ < 30 mg/L（用浓度为 20～25 mg/L 的标准样品替代实际水样进行测试）	±5 mg/L	比对试验总数应不少于 3 对。当比对试验数量为 3 对时应至少有 2 对满足要求；4 对时应至少有 3 对满足要求；5 对以上时至少需 4 对满足要求
	30 mg/L ≤实际水样 COD$_{Cr}$ < 60 mg/L	±30%	
	60 mg/L ≤实际水样 COD$_{Cr}$ < 100 mg/L	±20%	
	实际水样 COD$_{Cr}$ ≥ 100 mg/L	±15%	
NH$_3$-N 水质自动分析仪	采用浓度约为现场工作量程上限值 0.5 倍的标准样品	±10%	1
	实际水样氨氮 < 2 mg/L（用浓度为 1.5 mg/L 的标准样品替代实际水样进行测试）	±0.3 mg/L	同化学需氧量比对试验数量要求
	实际水样氨氮 ≥ 2 mg/L	±15%	
TP 水质自动分析仪	采用浓度约为现场工作量程上限值 0.5 倍的标准样品	±10%	1
	实际水样总磷 < 0.4 mg/L（用浓度为 0.2 mg/L 的标准样品替代实际水样进行测试）	±0.04 mg/L	同化学需氧量比对试验数量要求
	实际水样总磷 ≥ 0.4 mg/L	±15%	
TN 水质自动分析仪	采用浓度约为现场工作量程上限值 0.5 倍的标准样品	±10%	1
	实际水样总氮 < 2 mg/L（用浓度为 1.5 mg/L 的标准样品替代实际水样进行测试）	±0.3 mg/L	同化学需氧量比对试验数量要求
	实际水样总氮 ≥ 2 mg/L	±15%	
pH 水质自动分析仪	实际水样比对	±0.5	1
温度计	现场水温比对	±0.5℃	1
超声波明渠流量计	液位比对误差	12 mm	6 组数据
	流量比对误差	±10%	10 min 累计流量

表2 实际水样国家环境监测分析方法标准

项目	分析方法	标准号
COD$_{Cr}$	水质 化学需氧量的测定 重铬酸盐法	HJ 828
	高氯废水 化学需氧量的测定 氯气校正法	HJ/T 70
NH$_3$-N	水质 氨氮的测定 纳氏试剂分光光度法	HJ 535
	水质 氨氮的测定 水杨酸分光光度法	HJ 536
TP	水质 总磷的测定 钼酸铵分光光度法	GB/T11893
TN	水质 总氮的测定 碱性过硫酸钾消解紫外分光光度法	HJ 636
pH 值	水质 pH值的测定 玻璃电极法	GB/T 6920
水温	水质 水温的测定 温度计或颠倒温度计测定法	GB/T 13195

8.2 COD$_{Cr}$、TOC、NH$_3$−N、TP、TN 水质自动分析仪

8.2.1 自动标样核查和自动校准

8.2.1.1 选用浓度约为现场工作量程上限值 0.5 倍的标准样品定期进行自动标样核查。如果自动标样核查结果不满足表 1 的规定，则应对仪器进行自动校准。仪器自动校准完后应使用标准溶液进行验证（可使用自动标样核查代替该操作），验证结果应符合表 1 的规定，如不符合则应重新进行一次校准和验证，6 h 内如仍不符合表 1 的规定，则应进入人工维护状态。标样自动核查计算公式如下：

$$\Delta A = \frac{x - B}{B} \times 100\%　\quad（1）$$

式中：ΔA ——相对误差；

B ——标准样品标准值，mg/L；

x ——分析仪测量值，mg/L。

8.2.1.2 在线监测仪器自动校准及验证时间如果超过 6 h 则应采取人工监测的方法向相应 环境保护主管部门报送数据，数据报送每天不少于 4 次，间隔不得超过 6 h。

8.2.1.3 自动标样核查周期最长间隔不得超过 24 h，校准周期最长间隔不得超过 168 h。

8.2.2 实际水样比对试验

8.2.2.1 针对 COD$_{Cr}$、TOC、NH$_3$−N、TP、TN 水质自动分析仪应每月至少进行一次实际水样比对试验。试验结果应满足表 1 中规定的性能指标要求，实际水样比对试验的结果不满足表 1 中规定的性能指标要求时，应对仪器进行校准和标准溶液验证后再次进行实际水样比对试验。

8.2.2.2 如第二次实际水样比对试验结果仍不符合表 1 规定时，仪器应进入维护状态，同时此次实际水样比对试验至上次仪器自动校准或自动标样核查期间（按 8.2.1 规定所进行的仪器自动校准）所有的数据按照 HJ 356 的相关规定执行。

8.2.2.3 仪器维护时间超过 6 h 时，应采取人工监测的方法向相应环境保护主管部门报送数据，数据报送每天不少于 4 次，间隔不得超过 6 h。

8.2.2.4 按照 HJ 353 规定的水样采集口采集实际废水排放样品，采用水质自动分析仪与国家环境监测分析方法标准（见表 2）分别对相同的水样进行分析，两者测量结果组成一个测定数据对，至少获得 3 个测定数据对。按照公式（2）或公式（3）计算实际水样比对试验的绝对误差或相对误差，其结果应符合本标准表 1 的规定。

$$C = x_n - B_n　\quad（2）$$

$$\Delta C = \frac{x_n - B_n}{B_n} \times 100\%　\quad（3）$$

式中：C ——实际水样比对试验绝对误差，mg/L；

x_n ——第 n 次分析仪测量值，mg/L；

B_n ——第 n 次实验室标准方法测定值，mg/L；

ΔC——实际水样比对试验相对误差；

x_n——第 n 次分析仪测量值，mg/L；

B_n——第 n 次实验室标准方法测定值，mg/L。

8.3 pH水质自动分析仪和温度计

8.3.1 每月至少进行 1 次实际水样比对试验，如果比对结果不符合表 1 的要求，应对 pH 水质自动分析仪和温度计进行校准，校准完成后需再次进行比对，直至合格。

8.3.2 按照 HJ 353 规定的水样采集口采集实际废水排放样品，采用 pH 水质自动分析仪和温度计分别与国家环境监测分析方法标准（见表 2）分别对相同的水样进行分析，根据公式（4）计算仪器测量值与国家环境监测分析方法标准测定值的绝对误差。

$$C = x - B \tag{4}$$

式中：C——实际水样比对试验绝对误差，无量纲或℃；

x——pH 水质自动分析仪（温度计）测量值，无量纲或℃；

B——实验室标准方法测定值，无量纲或℃。

8.4 超声波明渠流量计

8.4.1 每季度至少用便携式明渠流量计比对装置对现场安装使用的超声波明渠流量计进行 1 次比对试验（比对前应对便携式明渠流量计进行校准），如比对结果不符合表 1 的要求，应对超声波明渠流量计进行校准，校准完成后需再次进行比对，直至合格。

8.4.2 除国家颁布的超声波明渠流量计检定规程所规定的方法外，可按以下方法进行现场比对试验，具体按现场实际情况执行。

8.4.2.1 便携式明渠流量计比对装置：可采用磁致伸缩液位计加标准流量计算公式的方式进行现场比对。

8.4.2.2 液位比对：分别用便携式明渠流量计比对装置（液位测量精度≤ 1 mm）和超声波明渠流量计测量同一水位观测断面处的液位值，进行比对试验，每 2 min 读取一次数据，连续读取 6 次，按下列公式计算每一组数据的误差值，选取最大的 H_i 作为流量计的液位误差。

$$H_i = \left| H_{li} - H_{2i} \right| \tag{5}$$

式中：H_i——液位比对误差；

H_{1i}——第 i 次明渠流量比对装置测量液位值，mm；

H_{2i}——第 i 次超声波明渠流量计测量液位值，mm；

i——1，2，3，4，5，6。

8.4.2.3 流量比对：分别用便携式明渠流量计比对装置和超声波明渠流量计测量同一水位观测断面处的瞬时流量，进行比对试验，待数据稳定后，开始计时，计时 10 min，分别读取明渠流量比对装置该时段内的累积流量和超声波明渠流量计该时段内的的累积流量，按公式（6）计算流量误差。

$$\Delta F = \frac{F_1 - F_2}{F_1} \times 100\% \tag{6}$$

式中：ΔF——流量比对误差；

$\quad\quad F_1$——明渠流量比对装置累积流量，m^3；

$\quad\quad F_2$——超声波明渠流量计累积流量，m^3。

8.5 有效数据率

以月为周期，计算每个周期内水污染源在线监测仪实际获得的有效数据的个数占应获得的有效数据的个数的百分比不得小于 90%，有效数据的判定参见 HJ 356 的相关规定。

8.6 其他质量控制要求

8.6.1 应按照 HJ 91.1、HJ 493 以及本标准的相关要求对水样分析、自动监测实施质量控制。

8.6.2 对某一时段、某些异常水样，应不定期进行平行监测、加密监测和留样比对试验。

8.6.3 水污染源在线监测仪器所使用的标准溶液应正确保存且经有证的标准样品验证合格后方可使用。

9 检修和故障处理要求

9.1 水污染源在线监测系统需维修的，应在维修前报相应环境保护管理部门备案；需停运、拆除、更换、重新运行的，应经相应环境保护管理部门批准同意。

9.2 因不可抗力和突发性原因致使水污染源在线监测系统停止运行或不能正常运行时，应当在 24 h 内报告相应环境保护管理部门并书面报告停运原因和设备情况。

9.3 运行单位发现故障或接到故障通知，应在规定的时间内赶到现场处理并排除故障，无法及时处理的应安装备用仪器。

9.4 水污染源在线监测仪器经过维修后，在正常使用和运行之前应确保其维修全部完成并通过校准和比对试验。若在线监测仪器进行了更换，在正常使用和运行之前，确保其性能指标满足本规范内表 1 的要求。维修和更换的仪器，可由第三方或运行单位自行出具比对检测报告。

9.5 数据采集传输仪发生故障，应在相应环境保护管理部门规定的时间内修复或更换，并能保证已采集的数据不丢失。

9.6 运行单位应备有足够的备品备件及备用仪器，对其使用情况进行定期清点，并根据实际需要进行增购。

9.7 水污染源在线监测仪器因故障或维护等原因不能正常工作时，应及时向相应环境保护管理部门报告，必要时采取人工监测，监测周期间隔不大于 6 h，数据报送每天不少于 4 次，监测技术要求参照 HJ 91.1 执行。

10 运行比对监测要求

10.1 运行工作管理

运行工作管理应从参数设置和管理、检查维护、自动标样核查、自动校准、比对试验、

检修和故障处理、比对监测以及记录与档案等几个方面来进行，运行工作检查表见附录 J。

10.2 比对监测要求

10.2.1 比对监测试验装置

按照比对分析项目及 HJ 493 的要求，做好比对试验所需采样器具的日常清洗、保管和整理工作。

10.2.2 样品采集与保存

确保比对试验样品与水污染源在线监测仪器分析所测样品的一致性，样品的采集和保存严格执行 HJ 91.1、HJ 353 以及 HJ 493 的有关规定。

10.2.3 在线监测系统采样管理

10.2.3.1 比对监测时，应记录水污染源在线监测系统是否按照 HJ 353 进行采样并在报告中说明有关情况。

10.2.3.2 比对监测应及时正确地做好原始记录，并及时正确地粘贴样品标签，以免混淆。

10.2.4 仪器质量控制

比对监测时，应核查水污染源在线监测仪器参数设置情况，必要时进行标准溶液抽查，核查标准溶液是否符合相关规定要求，在记录和报告中说明有关情况；比对监测所使用的标准样品和实际水样应符合现场安装仪器的量程；比对监测期间，不允许对在线监测仪器进行任何调试。

10.2.5 比对监测仪器性能要求

比对监测期间应对水污染源在线监测仪器进行比对试验，并符合表 1 的要求。

11 运行档案与记录

11.1 技术档案和运行记录的基本要求

11.1.1 水污染源在线监测系统运行的技术档案包括仪器的说明书、HJ 353 要求的系统安装记录和 HJ 354 要求的验收记录、仪器的检测报告以及各类运行记录表格。

11.1.2 运行记录应清晰、完整，现场记录应在现场及时填写。可从记录中查阅和了解仪器设备的使用、维修和性能检验等全部历史资料，以对运行的各台仪器设备做出正确评价。与仪器相关的记录可放置在现场并妥善保存。

11.2 运行记录表格

运行记录表格参见附录 A ~ 附录 J, 各运行单位可根据实际需求及管理需要调整及增加不同的表格：

　　a）水污染源在线监测系统基本情况参见附录 A

　　b）巡检维护记录表参见附录 B

　　c）水污染源在线监测仪器参数设置记录表参见附录 C

　　d）标样核查及校准结果记录表参见附录 D

e）检修记录表参见附录 E

f）易耗品更换记录表参见附录 F

g）标准样品更换记录表参见附录 G

h）实际水样比对试验结果记录表参见附录 H

i）水污染源在线监测系统运行比对监测报告参见附录 I

j）运行工作检查表参见附录 J